L'ENQUÊTE AGRICOLE

ET

LES VŒUX DE L'AGRICULTURE

PAR

A. BAROUILLE.

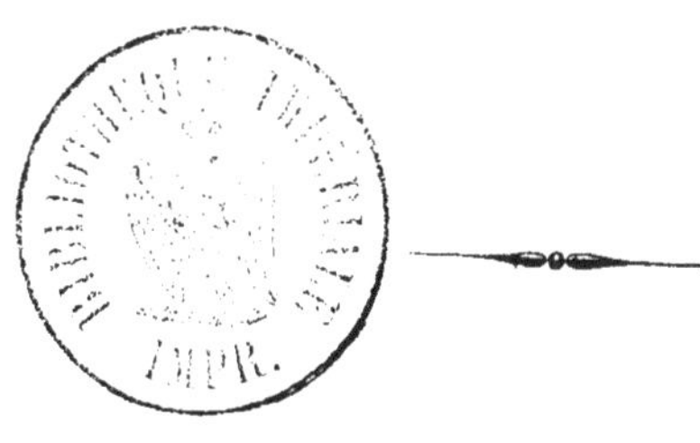

CHATEAU-GONTIER
IMPRIMERIE-LIBRAIRIE DE J.-B. BEZIER
Rue Dorée, 14.

1869

Ces pages étaient écrites en 1867, au moment où venait de paraître le rapport de M. Migneret, conseiller d'État, nommé président de la commission chargée de l'enquête agricole dans les départements de la Mayenne, de la Sarthe, de l'Orne et de Maine-et-Loire.

Nous ne les avons pas publiées, dans la pensée qu'après l'exposé des vœux de l'agriculture, le gouvernement s'empresserait d'y accéder dans une certaine mesure, et nous nous réservions d'apprécier et les réformes demandées et les réformes accordées.

Nous avons attendu deux ans, mais en vain. Aujourd'hui les intérêts politiques semblent absorber d'une manière exclusive l'attention du gouvernement. Les rapports des divers présidents des commissions agricoles sont entièrement publiés. Le directeur général de l'agriculture, M. Mony de Mornay, trop tôt enlevé à ses importantes fonctions, a résumé ces rapports dans un travail très-substantiel. Mais les vœux des agriculteurs n'ont encore obtenu aucune satisfaction.

Nous croyons utile de rappeler sur ces vœux l'attention de toutes les personnes qui s'intéressent à l'amélioration du sort des classes rurales, et nous venons, en discutant les termes du rapport de M. Migneret, pour nos départements de l'Ouest, indiquer de nouveau quels sont les besoins les plus pressants des cultivateurs, et comment le rapporteur propose de répondre à leurs légitimes réclamations.

Château-Gontier, le 9 novembre 1869.

L'ENQUÊTE AGRICOLE

ET

LES VŒUX DE L'AGRICULTURE.

L'enquête agricole a établi d'une façon indéniable trois faits très-importants :

La diminution de notre population agricole ;

L'exagération des charges qui grèvent l'agriculture;

La nécessité de développer en agriculture le principe fécond de l'association.

Nous voulons étudier successivement ces trois points : chercher les causes de la dépopulation de nos campagnes, et voir si l'on peut empêcher ce mouvement d'émigration qui nous enlève tant de bras utiles ; examiner par quelles réformes législatives nous diminuerons les charges si nombreuses qui pèsent sur le cultivateur, et enfin nous rendre compte du succès des idées d'association appliquées à l'agriculture.

Il faut avant tout une conclusion pratique; nous nous efforcerons de la trouver, trop heureux, si nous parvenons à faire partager à nos lecteurs la sympathie profonde que nous éprouvons pour le bien-être des populations agricoles.

CHAPITRE Ier.

DIMINUTION DE LA POPULATION AGRICOLE. — MOYENS D'Y REMÉDIER.

Le recensement, opéré en 1866, constate une diminution assez sensible sur le chiffre total de la population du département de la Mayenne.

En 1861, on comptait.	375,163	hab.
En 1866, on n'en compte que	367,855	—
Différence en moins. . .	7,308	hab.

Mais ce n'est pas là le chiffre exact des habitants enlevés aux campagnes ; car la diminution ne se produit à vrai dire que sur les populations rurales.

Pendant que le recensement accuse cette diminution de 7,308 habitants pour le département de la Mayenne, il constate que la ville de Laval a augmenté par voie d'immigration * de 1,792 ha-

* Par voie d'immigration seulement, car par voie d'annexion Laval a gagné près de 3,000 habitants. Il est constaté en outre qu'à Laval les naissances n'ont pas excédé les décès.

bitants. Nos campagnes ont donc en réalité perdu 9,100 habitants. Comme on voit le chiffre est important.

Remarquez aussi que dans le département de la Sarthe le même fait s'est présenté. Le département diminue comme population de 4,418 habitants. Le Mans gagne au contraire 4,117 habitants. Conclusion, 8,535 habitants ont déserté les campagnes.

Nous n'avons pas besoin d'insister pour prouver la véracité de ce fait. Nos campagnes perdent chaque année un nombre assez important de bras qui se portent surtout vers les grands centres de populations.

Comment combattre cette immigration, qui est l'objet des plaintes les plus vives de la part des déposants à l'enquête?

On a indiqué quatre moyens qui peuvent être ainsi résumés :

1° Un enseignement agricole qui développerait chez les enfants le goût de l'agriculture ;

2° Un ralentissement dans les grands travaux improductifs de l'État et des villes, afin de ne pas attirer le cultivateur et l'ouvrier des campagnes dans les grands centres de population par l'appât d'un salaire plus élevé ;

3° La création dans nos campagnes d'institutions de charité et de prévoyance ;

4° Enfin une réduction importante dans le contingent annuel du recrutement et dans la durée des années de service.

Tous ces moyens sont des palliatifs, et leur efficacité pour enrayer l'immigration chaque jour plus sensible des habitants des campagnes vers les villes n'est peut-être pas si énergique que nous nous plaisons à l'imaginer. Mais il faut cependant les employer, puisque ce sont les seuls qui existent.

Nous suivrons dans notre étude l'ordre qui vient d'être indiqué.

§ Ier.

De l'enseignement agricole.

Ce point important n'a obtenu, dans le rapport présenté par M. Migneret, que quelques lignes. Nous serons moins bref. Car l'instruction primaire, comme tout ce qui s'adresse à l'enfance, a des conséquences redoutables, insaisissables en quelque sorte, et sur lesquelles on ne saurait chercher à avoir trop d'influence.

« Donnez-moi l'enseignement de la jeunesse » pendant un siècle, a dit Leibnitz, et je chan- » gerai la face du monde. »

C'est sous l'empire de ce sentiment que tous les hommes éclairés réclament des réformes sérieuses dans le système d'éducation appliqué aujourd'hui à nos campagnes. Tant que nous ne serons pas entrés résolûment dans cette voie, où nous précèdent avec tant d'éclat les nations voisines, comme la Prusse, l'Angleterre, la Suisse, nous serons toujours menacés d'une infériorité réelle vis-à-vis d'elles.

Les déposants à l'Enquête ont demandé un enseignement plus particulièrement dirigé vers les choses de l'agriculture. Nous nous associons entièrement à ce vœu, mais auparavant ne pourrait-on en former un plus modeste et qui, selon nous, ne doit pas en être séparé? Nous voudrions que l'instruction primaire reçût dans nos campagnes son légitime développement et ne restât pas, pour les enfants, ce qu'elle n'est que trop souvent une lettre morte.

Quelques détails nous semblent nécessaires.

Dans nos campagnes plusieurs causes compromettent les bons effets de l'instruction.

Nous signalerons d'abord la négligence et l'indifférence de nos populations rurales ; tous nos cultivateurs reconnaissent la nécessité de l'instruction, se plaignent de ce que leurs parents n'aient pas favorisé, dans leur jeune âge, leur développement intellectuel, et la plupart ne se préoccupent pas d'assurer à leurs enfants ce bien précieux dont ils déplorent pour eux-mêmes la perte irréparable.

On apprend aux enfants à lire, à écrire et à compter, ce qu'un éloquent orateur appelait si heureusement « les trois clefs vulgaires et sublimes qui ouvrent tant de choses dans la vie et dans l'âme. »

Mais quel profit les enfants retirent-ils de ces premières connaissances ; quel profit même peuvent-ils en retirer, si les parents ne cherchent pas à continuer, à la ferme, l'instruction commencée à l'école ? Aucun, selon nous. Et cependant il nous semble que rien n'est plus facile.

L'enfant de dix à douze ans sait lire; il quitte l'école. Comment conservera-t-il son léger bagage de connaissances s'il n'a pas, à la ferme, l'occasion d'exercer son savoir? Cette occasion, c'est aux parents à la faire naître. Pourquoi la mère, pendant les veillées d'hiver, ne ferait-elle pas du jeune écolier le lecteur de la famille réunie autour du foyer? Les livres intéressants, instructifs sans être ennuyeux, et d'un bon marché exceptionnel ne manquent pas. Les parents apprendraient eux-mêmes, tout en se reposant; l'enfant, fier de son rôle, s'appliquerait à lire et à comprendre : et ces longues et inutiles soirées deviendraient ainsi courtes et profitables pour tout le monde. Est-il impossible d'arriver à un tel résultat? Non, évidemment. Un peu de bonne volonté, un peu de ténacité suffisent.

L'écolier sait écrire. Mais s'il ne pratique pas cet exercice manuel, la main devient inhabile et *gauche*. Il faut, pour qu'il écrive, une nécessité absolue. Les parents ne pourraient-ils pas lui faire tenir un livre de dépenses, commençant ainsi à l'habituer à se rendre compte du prix de chaque chose. D'ailleurs, s'il est vrai que pour tout ce qui a trait à ses intérêts pécuniaires, l'habitant des campagnes a une mémoire fort heureuse, il n'en devient pas moins évident qu'aujourd'hui, avec les ventes et les achats qui se multiplient, la nécessité d'une mention écrite de ces diverses opérations se manifeste de plus en plus. Les parents bénéficieraient donc encore du service qu'ils rendraient à leurs enfants.

Combien de nos cultivateurs agissent ainsi ? Nous le disons avec tristesse : ceux-là sont faciles à citer.

Combien d'autres, insoucieux de l'avenir, loin de remplir le rôle intelligent *d'éducateur* dans la famille, entravent les efforts de l'instituteur.

Combien n'envoient leurs enfants à l'école que pendant l'hiver, alors que les jours si courts diminuent d'autant les heures de travail.

Combien, pendant l'été, les conservent près d'eux pour les travaux des champs, malgré le peu de profit qu'ils retirent de leur aide.

A la ferme, d'ailleurs, l'enfant ne peut étudier ; à peine s'il apprend ses leçons, car, avant d'aller à l'école, il lui faut mener les bestiaux aux champs, etc., et, pour lui comme pour les parents, c'est chose plus importante que de connaître l'orthographe et la grammaire.

Dans des conditions semblables, il faudrait à l'enfant une vertu surnaturelle d'abord pour apprendre, ensuite pour retenir ce qu'il aurait appris.

Dans le rapport sur l'Enquête, on paraît demander une réforme dans la durée des études scolaires pour les enfants des campagnes, et M. Migneret propose de les laisser pendant l'été à leurs parents pour ne les conserver à l'école que pendant l'hiver.

Rien ne serait plus juste pour les enfants de treize ans et au-dessus, mais à cet âge là les enfants ne sont plus des écoliers, ils ont un autre titre, celui de vacher et de domestique.

Pour les enfants au-dessous de treize ans, l'école, dans nos campagnes, réunit dans un seul établissement les caractères de deux institutions distinctes : la maison d'éducation et la salle d'asile. Les parents estiment fort, soyons-en sûr, ce moyen de pouvoir confier à d'autres pendant la journée la surveillance de leurs enfants, et d'être ainsi complétement libres pour leurs travaux. C'est là, surtout, ce qui les engage à envoyer leurs enfants à l'école. Le même sentiment a aussi réduit les vacances des écoles primaires qui ne dépassent pas un mois. Il est donc utile qu'on ne diminue pas le temps des études scolaires. L'agriculture n'y gagnerait rien, car les enfants qui suivent l'école ne peuvent se livrer aux travaux des champs qui demandent un certain déploiement de force, et les études y perdraient. On ne pourrait arriver à ce résultat qu'en modifiant la nature de nos écoles primaires, et voici en quel sens cette modification pourrait être effectuée : les enfants, dans la campagne, perdent un temps précieux à se rendre deux fois par jour au bourg, dont ils sont, pour la plupart, assez éloignés. Dans ces courses vagabondes, ainsi répétées, ils s'empressent d'oublier les leçons qu'ils ont reçues, et ils n'y sont d'ailleurs que trop sollicités par cette vie au grand air, pleine de distractions continuelles. De plus, le nombre des heures consacrées au travail est forcément restreint par les exigences de l'aller et du retour.

Pour corriger ces inconvénients, ne pourrait-on pas créer, dans chaque localité un peu importante, une école communale, destinée à recevoir des demi-pensionnaires, où les enfants trouveraient pour une rétribution minime le repas du milieu du jour ?

On arriverait ainsi à réduire de moitié les courses des enfants et à les soumettre à un travail plus fructueux et plus assidu ; pour quelques-uns même à leur donner une nourriture plus saine et plus abondante que celle qu'ils trouvent dans leur famille. Il y aurait par conséquent un triple avantage.

Nous savons bien qu'on pourra objecter et les dépenses qu'entraînera l'établissement de ces écoles, et les résistances des parents à augmenter la contribution scolaire.

Sur le premier point nous croyons que s'il est un crédit dont personne ne demandera la réduction, c'est celui de l'instruction publique. Un pays qui trouve des millions pour réorganiser son armée et faire produire aux fusils Chassepot des merveilles, trouvera assurément quelques cent mille francs pour la dépense utile que nous signalons.* Nous ne nous adresserions pas seulement à l'État, nous voudrions aussi qu'on eût recours aux souscriptions volontaires, et nous sommes certain que pour favoriser le développement de l'instruction, on rencontrera dans les classes éclairées de généreux protecteurs.

C'est en sollicitant l'initiative individuelle, que de semblables idées reçoivent leur application, et si celle que nous émettons est pratique, nous appelons sur elle l'attention de tous ceux qui s'intéressent à l'avenir de nos populations rurales. On ne saurait trop insister, en effet, sur la nécessité de l'instruction : « Sur dix hommes, il y en a » neuf qui doivent ce qu'ils sont, le bon ou le

* Voici quelques chiffres qui peuvent intéresser nos lecteurs :

En 1867, 3,129 jeunes gens tiraient au sort dans le département de la Mayenne. Pour fournir le contingent s'élevant à 1,067 hommes, on en a examiné 1,976 : près des 2/3 des jeunes gens de la classe.

Sur les 3,129 tirant au sort, 787 ne savaient ni lire ni écrire, et 127 savaient lire seulement : à peu près le 1/3, soit 33 pour % ne sachant pas écrire.

En 1867, près de 40,000 enfants ont fréquenté les écoles dans le département. On a évalué à 3,000 environ les enfants qui n'ont, pendant cette année, suivi aucun cours. C'est trop : car il ne faut pas oublier qu'un grand nombre des enfants qui ont passé sur les bancs de l'école désapprennent rapidement ce que leur avait enseigné l'instituteur.

» mauvais, à l'éducation. » Cette parole d'un écrivain célèbre, exprime une vérité qu'il est utile de remettre sans cesse sous les yeux de nos populations des campagnes. Si l'on veut arriver à un résultat satisfaisant, il faut que nos cultivateurs se pénètrent de plus en plus de l'influence qu'ils peuvent avoir sur les études plus ou moins fécondes de leurs enfants. Quand nous aurons obtenu ce premier point, nous pourrons songer à élargir le cercle des connaissances que permet d'acquérir l'école du village; nous pourrons établir des cours élémentaires d'agriculture qui, développant l'intelligence des jeunes enfants sur une science spéciale et dont ils font et voient l'application chaque jour, vaincront l'esprit de routine dont nous gémissons si souvent. Mais, encore une fois, avant de songer à ce que nous appelons aujourd'hui le superflu, efforçons-nous d'obtenir le nécessaire.

Puisque nous indiquons quelques réformes pratiques, nous devons dire un mot de l'instituteur.

L'instituteur, malgré les efforts plus ou moins heureux de M. Duruy, n'a pas la position qu'il devrait occuper. Il est dans une dépendance qui ne convient ni à sa dignité, ni à son caractère. Homme de dévouement, par les fonctions ingrates qu'il accepte, il faut encore qu'il s'impose, pour vivre, les plus durs sacrifices. Cette carrière, qui devrait être une des plus rétribuées, parce qu'elle est une des plus importantes est, à cet égard, dans les conditions les plus désavantageuses.

Quel homme, en effet, peut rendre plus de services à la société, aux familles, aux enfants que l'instituteur intelligent, charitable, et dévoué à sa profession. En regard de ces services, il faut mettre le traitement de 800 fr., 1,000 fr., 1,200 fr. qu'il obtient. Y a-t-il égalité entre les deux plateaux de la balance ?

Les Anglais et les Américains, peuples pratiques par excellence, ont compris le rôle salutaire que l'instituteur devait jouer dans la société moderne : aussi lui ont-ils créé une situation digne et convenable, où il exerce, dans toute sa plénitude, la légitime influence qui est due à sa mission.

Il est à désirer que les plaintes unanimes insérées dans l'Enquête agricole sur l'insuffisance de la rétribution de nos instituteurs soient entendues par le gouvernement et qu'on rende justice à des hommes auxquels on demande beaucoup, sans vouloir user de réciprocité à leur égard.

Nous terminerons en réclamant aussi pour les études des enfants une division du travail mieux entendue, qui leur permît de recevoir une instruction progressive plus appropriée à leur âge et à leurs connaissances déjà acquises. Le mode actuel laisse à désirer sur ce point, et ceci se comprend aisément quand on saura qu'il n'y a qu'un instituteur pour des enfants de différents âges, dont les uns ignorent l'A B C, et d'autres apprennent la division et le calcul.

Il faudrait que dans nos écoles de campagnes, on adoptât, comme on le fait dans les villes, l'usage des moniteurs, c'est-à-dire que l'on fît des élèves plus avancés les instituteurs des commençants. Il y aurait ainsi profit pour tout le monde.

Nous recommandons encore la création de cours d'adultes et leur fréquentation. Dans nos campagnes, c'est le seul moyen offert aux jeunes gens, qui, dans leur enfance, n'ont pas reçu d'instruction, d'acquérir les connaissances élémentaires de la lecture et de l'écriture. Pour les autres, plus heureux, c'est un complément obligé de leurs premières études, qui leur permet de réapprendre ce qu'ils ont oublié, et de le faire avec plus de fruits. *

Nous avons demandé que nos populations rurales apprennent à lire, et qu'elles parviennent à aimer la lecture : ceci nous amène naturellement à parler des bibliothèques scolaires ou commu-

* En 1868, sur 4,629 adultes qui ont fréquenté les classes du soir, dans la Mayenne, 436 ne savaient ni lire ni écrire, 546 savaient lire seulement, et 936 lire et écrire; 2,711 avaient des connaissances plus complètes.

Les dépenses occasionnées par les leçons du soir se sont élevées à 10,552 fr. Comment n'a-t-on pas recours à quelques souscriptions, organisées avec intelligence? On obtiendrait certainement des secours, car s'il est une cause populaire en France, c'est celle de l'instruction. Combien nous sommes en retard sous ce rapport avec la Suisse, les États-Unis, l'Angleterre. En Amérique, on dépense chaque année plus de 500 millions pour l'instruction publique. En Suisse, le budget de la guerre est inférieur à celui de l'instruction publique. En France, nous dépensons plus de 600 millions pour notre armée, et nous n'inscrivons que 21 millions pour nos écoles. C'est un chiffre insuffisant : on devrait au moins rendre l'instruction primaire entièrement gratuite : ce ne serait pas une charge bien lourde pour le budget.

nales. Un arrêté ministériel du 1er juin 1862, les a organisées; une circulaire ministérielle les a vantées avec raison : « Ces bibliothèques, disait » M. Rouland, seront pour les familles, dans les » longues veillées d'hiver, un excellent moyen » d'échapper aux dangers de l'oisiveté, et l'ex- » périence a prouvé que, dans les campagnes » surtout, la lecture à haute voix, faite le soir au » sein de la famille, a des attraits puissants..... » Mais cependant cette institution n'a pas prospéré. Il y manquait l'élément propagateur qui n'appartient qu'à l'initiative privée. Ainsi, dans le département de l'Aisne, diverses sociétés se sont formées pour créer des bibliothèques populaires, et elles ont obtenu un succès remarquable. On en compte à Laon, à Saint-Quentin, à Soissons, à Château-Thierry, à Villers-Cotteret, etc., leur nombre s'élevait, en 1866, à 200, comprenant plus de 32,000 volumes. N'est-ce pas à ce désir si marqué de s'instruire que sont dues la richesse et la prospérité du département de l'Aisne. Pourquoi ne pas suivre cet exemple, et ne pas chercher à fonder dans notre pays des sociétés de cette nature.

Avec 50 ou 100 francs on forme le noyau d'une bibliothèque populaire; l'instituteur en est le gardien désigné à l'avance; l'école le siége de l'établissement. Il n'y a pas d'autres frais, * et comme le dit un zélé propagateur de cette œuvre éminemment utile: « Qu'on commence et le reste » ira tout seul. » On trouvera aisément dans nos communes, si le conseil municipal ne veut pas prendre la responsabilité de cette souscription, des donateurs empressés. Le tout est de *commencer*. Et si, par impossible, on devait échouer dans cette entreprise, il y aurait déjà quelque honneur à l'avoir tentée.

Telles sont nos observations sur cette importante question de l'enseignement.

* Nous croyons utile d'indiquer ici les noms de diverses Sociétés qui ont pour but de faciliter les débuts des bibliothèques populaires.

1° La Société pour l'amélioration et l'encouragement des publications populaires; — à Paris, 82, rue de Grenelle-Saint-Germain. — Elle procure, au dernier prix, les livres qui lui sont demandés, grâce à des traités avantageux faits avec les éditeurs. — C'est un intermédiaire excellent.

2° La Société Franklin, pour la propagation des Sociétés populaires, — 6, rue de Savoie, — offre les mêmes avantages.

3° La librairie Hachette loue même des caisses de livres aux communes, — moyennant 25 centimes par jour. — Il y a près de cent volumes.

Elles tendent, comme il est facile de le voir, à rendre plus fructueuse, plus féconde l'instruction donnée aux enfants, et à préparer ainsi le jour où l'enseignement agricole pourra être professé à l'école du village; espérant, avec les déposants à l'Enquête, que grâce à cette éducation plus appropriée à leurs goûts et à leurs habitudes, « les jeunes conscrits de l'agriculture, » appréciant mieux les avantages de la vie modeste des champs, ne déserteront plus les campagnes.

Et si, cependant, malgré nos efforts, nous ne conservons pas leur travail et leur intelligence pour la culture du sol, nous aurons du moins la satisfaction d'avoir donné à la société des ouvriers éclairés et des citoyens instruits. Et, certes, ce sera déjà un résultat dont nous aurons lieu de nous féliciter.

§ II.

De l'influence des travaux des villes sur la dépopulation des campagnes.

L'Enquête a émis, par ses divers interprètes, le vœu que les travaux des villes subissent un certain ralentissement.

M. Migneret a cherché dans son rapport à diminuer l'importance de ces réclamations et il a rappelé avec complaisance que le gouvernement avait achevé les deux premiers réseaux de chemins de fer, creusé des canaux et ouvert de nombreuses voies de communication. Mais ce n'est pas de ces travaux productifs que les déposants à l'Enquête ont demandé le ralentissement. Ils auraient été, en effet, s'ils avaient agi ainsi, inconséquents avec eux-mêmes, car toutes leurs dépositions se terminent par la demande, qui d'un chemin de fer, qui d'un chemin vicinal, tous de débouchés plus prompts et plus directs.

Ce qu'ils ont attaqué, ce sont les travaux d'embellissements des villes, les travaux décoratifs, destinés, selon eux, plutôt à satisfaire l'œil qu'à assurer aux populations un bien-être sérieux. Ce sont, en un mot, les travaux improductifs. Ils ont attaqué surtout, car il ne faut pas qu'on se méprenne sur leur pensée, ils ont attaqué surtout l'exagération et l'inopportunité de ces dépenses somptuaires. *Leur exagération :* car nous savons tous que les meilleures administrations municipales, obéissant en quelque sorte à une loi supérieure, ont accueilli les projets les plus insensés, et exécuté les travaux les plus inutiles. *Leur inopportunité:* car s'il est sage, et nous sommes loin de le nier, de chercher à assainir, à vivifier une ville, il ne faut pas que ce soit sous l'empire de cette idée : que tout soit fait *en même temps* et en *peu de temps*. Nous n'ignorons pas aujourd'hui ce qu'il faut d'argent pour remplir ces deux conditions.

Ne serait-ce pas le cas de rappeler ce vieux proverbe : « Qui trop embrasse mal étreint. »

Voilà ce que blâment les défenseurs de l'agriculture. Et ils ont deux fois raison : car les résultats directs de ces travaux à l'égard de l'habitant des campagnes sont les suivants.

Le cultivateur, qui voit qu'à la ville les salaires des ouvriers augmentent sensiblement, que la vie est plus agréable, les distractions plus nombreuses, qu'enfin la somme des jouissances matérielles y est plus grande, le cultivateur n'hésite pas, s'il est jeune, sans conseils, à changer son rude labeur, ses travaux pénibles contre cette existence où tout lui paraît plein de séductions. Et il part pour la ville. Triste illusion : car si la vie est plus facile à la ville, elle y est plus chère; si les distractions y sont plus nombreuses, elles sollicitent d'autant plus à la dépense. La leçon ne se fait pas attendre longtemps, mais elle est complétement perdue : car le paysan, devenu *urbain*, ne retourne plus aux champs qu'il regrette peut-être, mais qu'il méprise. Ce tableau n'est que trop vrai. Que gagnent maintenant les villes à cette immigration d'ouvriers et d'artisans? Des charges nouvelles. Ces recrues, attirées par l'attrait d'un salaire plus élevé et d'un travail moins pénible, deviennent fréquemment et par la force des choses les clients trop fidèles des bureaux de bienfaisance et des établissements de charité.

Ils créent en outre aux ouvriers des villes une concurrence qui, légitime en principe, produit en certains cas des inconvénients sérieux. Ainsi l'agriculture perd les bras dont elle a un besoin absolu, et les villes ne recrutent que des malheureux dont elles sont obligées de soulager les misères.

Quant à la responsabilité encourue par le gouvernement pour avoir surexcité cette fièvre de démolitions et de reconstructions qui s'est emparée de la plupart des villes en France, nous croyons qu'il mérite les reproches que lui adressent les déposants.

M. Migneret répond : « mais les villes s'administrent elles-mêmes, et réclamer sur ce point l'immixtion du gouvernement, c'est attenter aux libertés municipales. »

Ceci n'est pas sérieux, et il ne s'agit pas ici de libertés municipales. Il s'agit de savoir dans quelle mesure l'État s'ingère dans les affaires de la cité. Or, personne n'ignore que ce qu'un préfet commande, un maire l'exécute, et si un conseil municipal résiste, une commission nommée par l'administration se montre plus docile.

Telle est l'indépendance des villes en ce qui regarde les travaux qu'elles font exécuter. On peut citer Toulouse, Marseille, comme exemple de la vérité de nos assertions.

Le gouvernement d'ailleurs a été conséquent avec lui-même, en sollicitant les conseils municipaux à entrer dans cette voie : car il donnait lui-même l'exemple, et quel exemple ! dans la reconstruction de Paris, lorsqu'il autorisait les « *débauches monumentales* » de M. Haussemann.

Nous pensons donc que s'il plaisait au gouvernement de modérer, sur ce point, le goût qu'éprouvent les grandes villes en ce moment pour ces dépenses insensées, il lui serait facile, sans attenter aux libertés municipales, d'arriver à un bon résultat. Il n'y a là en effet qu'une question de mode.

Jusqu'ici il a été de bon ton de grossir les budgets, de faire des emprunts considérables, de s'ingénier à réaliser les projets les plus coûteux. Il peut également devenir de bon ton de diminuer les dépenses, de faire des économies, et de mettre dans les cartons les plans ruineux : pour cela un mot du ministre suffira. Il restera bien une petite difficulté : ce sera la liquidation du passé, mais la France est riche, et les contribuables gens tolérants.

Signalons encore en terminant une des fâcheuses conséquences des travaux exagérés des villes ; c'est le détournement, au profit des emprunts municipaux, de fonds importants qui auraient pu recevoir un emploi plus utile à la fortune publique. Cet argent, en effet, se serait porté soit dans le commerce, soit dans la propriété territoriale, soit même dans l'agriculture. L'appât des primes, les chances de gain offertes par ces tirages fréquents et ces gros lots de cinquante et de cent mille francs qu'on ne saurait trop condamner, ont attiré les économies des rentiers, séduits par des intérêts élevés. Il est grand temps de s'arrêter dans cette voie des dépenses improductives, et de revenir aux vrais principes de l'économie sociale. Aujourd'hui la France est incontestablement plus riche qu'elle ne l'était en 1848 : mais elle fait moins d'épargnes, et comme la base de la richesse est l'épargne, on peut dire sans paradoxe, qu'elle est dans une situation moins prospère.

§ III.

Institutions de charité.

Nous regrettons encore ici le laconisme de M. Migneret, et nous aurions été heureux de rencontrer dans son rapport quelques conseils pour aider les hommes de cœur à créer les œuvres de bienfaisance qui, malheureusement, font défaut à nos campagnes. Les institutions de charité sont, en effet, peu répandues parmi nos populations rurales. Ceci n'est que trop vrai. Il est utile, cependant, si l'on veut retenir le cultivateur et l'ouvrier agricole dans nos bourgs et nos villages, de lui assurer les avantages ou, du moins, une partie des avantages qu'offre, sous ce rapport, le séjour des grandes villes.

Quels sont les véritables besoins des campagnes à cet égard, et comment avec les ressources actuelles pouvons-nous y subvenir?

Cette question mérite d'être examinée avec quelques détails. D'abord ce qui explique, sans l'excuser, le défaut d'institutions rurales de charité, c'est qu'à vrai dire la nécessité s'en fait moins sentir. L'agriculture compte un indigent sur quatorze habitants des campagnes, tandis que les départements manufacturiers en accusent un sur huit ouvriers. La différence est presque de moitié.* D'un autre côté le nombre et la facilité de se réunir, deux conditions essentielles pour l'association, manquent également à la campagne.

Cependant ces raisons ne doivent pas faire

* Brochure sur *les Institutions ouvrières*, par M. Ameline, avocat. Paris, 1866.

illusion sur les souffrances de nos populations agricoles, ni effrayer ceux qui cherchent à les soulager.

Occupons-nous d'abord des ouvriers des bourgs. Ils gagnent moins qu'à la ville, mais aussi leurs dépenses sont moins élevées. S'ils ont des enfants ils ne font pas d'économies, mais ils vivent. Ils vivent tant que le travail ne les abandonne pas ou que la maladie ne les force pas à renoncer au travail. Mais alors, la misère qui n'est pas boiteuse, vient, hélas, trop vite : et il faut songer à trouver le pain de chaque jour.

C'est dans ces moments que l'on reconnaît l'utilité des sociétés de secours mutuels, malheureusement dédaignées de nos campagnes. Le mutualisme est le levier le plus puissant contre l'indigence ; c'est en même temps le plus digne, car il ne revêt pas le caractère offensant de l'aumône. Les ouvriers de nos bourgs devraient songer à fonder ces sociétés qui, lors du chômage forcé, continuent les ressources qu'apportait le travail, donnent aux membres malades des consultations et des remèdes gratuits.

Le décret de 1852 facilite, dans notre pays,

l'établissement de ces sociétés, en permettant aux communes qui n'ont pas mille habitants de réunir leurs ressources pour secourir leurs misères respectives. Ne trouverait-on pas dans les riches fermiers, dans les propriétaires, des souscripteurs empressés pour prendre le titre de membres honoraires, et créer ainsi une première mise de fonds. Il est à désirer, mais le temps seul peut permettre de réaliser ce vœu, il est à désirer que ces sociétés, moyennant une contribution minime, puissent à la fois assurer à la femme et aux enfants des sociétaires, des secours gratuits dans leurs maladies, et à leurs membres des rentes viagères.

Aux cultivateurs et aux petits fermiers, nous recommandons l'exemple des sociétés établies dans l'Est de la France, le Jura, la Haute-Saône, et dont les membres s'obligent à exécuter les travaux de celui d'entre eux qui ne pourrait travailler par suite d'une maladie fortuite et sérieuse. Les travaux agricoles ont ceci de particulier qu'ils doivent être accomplis en un temps déterminé, et dans une saison spéciale de l'année. Si à ce moment précis le cultivateur tombe malade et ne peut se faire remplacer, lui et sa famille sont menacés dans leurs moyens d'existence pour une année entière. Ce mal peut être évité, si des cultivateurs viennent l'un après l'autre, en temps opportun, donner à la terre les soins qu'elle réclame, et fournir ainsi le nombre de journées nécessaires.

A Beaune, une société de ce genre, moyennant une faible prime, fait visiter le bétail de ses sociétaires par un vétérinaire, et indemnise ceux qui ont éprouvé quelques pertes.

Notre pays, dans lequel l'élevage des bestiaux a pris un développement dont on doit hautement se féliciter, accueillerait certainement cette institution avec toute la faveur qu'elle mérite, et nos fermiers, que la perte de leurs animaux condamne quelquefois à la ruine, ne devraient pas hésiter longtemps à faire partie d'une semblable société.

Mais comment, dans nos campagnes, faire pénétrer ces sages idées; comment faire comprendre au cultivateur les avantages de ces associations dont il ne connaît ni le fonctionnement, ni les procédés, et dont surtout il n'a pu éprouver par lui-même l'heureuse influence?

Nous ne le pouvons qu'en répétant fréquemment ces conseils, qu'en profitant de toutes les occasions pour les faire entendre, soit dans les comices, soit dans les réunions d'agriculteurs. Il faut donc que tous les hommes éclairés qui sont en rapport avec les cultivateurs s'efforcent de les convertir à ces nouveautés utiles.

Développons l'esprit d'association et nous arriverons ainsi à développer l'esprit de charité.

Les indigents malades méritent également d'attirer notre attention. A la ville, ils ont une ressource précieuse : l'hôpital. La campagne ne peut leur offrir cet asile pendant la maladie. Certains départements possèdent une institution excellente, que nous voudrions voir établir dans notre pays.

C'est l'institution des médecins cantonaux. Les communes ou des sociétés particulières se chargent de payer aux médecins les visites que ceux-ci font aux pauvres malades, en même temps elles accordent des remèdes gratuits. Par ce moyen, le malheureux est assuré d'avoir les secours de la science, et les médecins reçoivent une indemnité qui ne leur est que trop due : car dans nos campagnes combien y en a-t-il qui donnent aux pauvres des consultations gratuites.

Nous voudrions que des dons faits au bureau de bienfaisance, dans les communes rurales, permissent de rétribuer un médecin chargé de soigner les indigents malades, alors que l'état d'indigence de l'individu serait dûment constaté.

Nous voudrions encore que chaque bourg important possédât une sœur des pauvres pour le service de la charité publique. Les femmes ont pour ce rôle une intelligence et une intuition qui nous font défaut. Mais, pour obtenir de semblables résultats, il faut de l'argent et des dons : et dans nos campagnes, dira-t-on, on donne peu. Cette objection est sérieuse, cependant, nous sommes porté à croire que si les propriétaires se rendaient un compte exact de l'utilité de ces institutions, ils n'hésiteraient pas à se prêter à leur établissement. Il est à désirer en même temps que l'administration supprime ou simplifie les formalités gênantes qui entourent les donations aux communes ou aux hospices; on dirait, en voyant ces entraves, qu'on veut arrêter la générosité au lieu de la stimuler.

Après l'ouvrier qui souffre du chômage, la campagne a une autre classe de malheureux dignes d'intérêts : ce sont les vieillards indigents et les infirmes; ils n'ont point là, comme dans les villes, les hospices d'incurables et les admirables maisons des petites sœurs des pauvres.

Comment remédier à cette lacune? La création d'hospices ruraux est chose difficile, et même à un certain point de vue peu désirable.

La meilleure solution serait peut-être le déplacement des vieillards et des infirmes dans les hôpitaux des villes; et l'on y tend par la fondation de lits destinés aux habitants des campagnes.

Mais, pour arriver à ce résultat d'une manière satisfaisante, il faudrait non-seulement rencontrer des citoyens riches et comprenant que le plus bel usage de la fortune est de l'employer à des œuvres de bienfaisance durables, mais encore vaincre les habitudes de liberté, auxquelles sont habitués nos paysans; s'enfermer dans une de ces grandes demeures, où la charité assure le bien-être et les soins aux dépens de l'indépendance absolue, est un sacrifice devant lequel nos cultivateurs reculent avec une énergie irréfléchie, mais indomptable. Il ne reste donc pour soulager ces misères que la distribution de secours hebdomadaires, faite par les bureaux de bienfaisance ou par des sociétés de charité. Mais quelle surveillance sévère ne doit-on pas apporter dans cette distribution, afin que la répartition en soit équitable, et salutaire!

Nous voudrions à ce sujet que l'on se pénétrât des avantages offerts par les caisses des retraites.

La caisse des retraites, moyennant un capital minime, versé au jour le jour, assure, après un certain laps de temps, un revenu fixe au sociétaire, revenu assez élevé pour lui permettre, à la campagne surtout, de vivre à l'abri du besoin. La prévoyance, c'est la vertu que nous recommandons à nos cultivateurs. Que de misères seraient évitées, si l'on songeait à l'avenir. Et nous croyons sincèrement que la distribution de quelques ouvrages élémentaires sur les agissements de ces sociétés de prévoyances, faite avec discernement par les membres du bureau de bienfaisance, recommandés par le clergé, produirait d'heureux résultats. Les compagnies de chemins de fer, les chefs d'établissements industriels ont appuyé près de leurs ouvriers ces caisses de retraites, dont tous les intéressés apprécient aujourd'hui les avantages.

M. Migneret insiste sur l'utilité des caisses d'épargne : et il a raison. C'est une excellente institution, qui met les petites économies du travailleur à l'abri des tentations si fréquentes qui s'offrent à lui de les dépenser. Elle ne grossit pas le capital d'une manière sensible, mais elle le protége, et c'est déjà beaucoup. Cependant la caisse d'épargne présente quelques inconvénients auxquels il serait facile de remédier : pour les garçons de ferme, le dépôt exige un déplacement parfois impossible, ou la nécessité d'employer un mandataire. Ne pourrait-on pas autoriser le percepteur à recevoir les fonds des déposants de la campagne, jusqu'à concurrence d'une certaine somme, et à les remettre ensuite au receveur de la caisse d'épargne. Il faut, autant que possible, aider le cultivateur à réaliser ses idées d'économies.

Nous réclamons donc pour les classes rurales, trop déshéritées sous ce rapport :

1° La création de sociétés de secours mutuels,

qui aideraient puissamment les ouvriers agricoles ;

2° L'institution de médecins cantonaux;

3° La distribution de secours hebdomadaires aux infirmes et aux vieillards indigents, par l'intermédiaire d'une sœur de charité ;

4° La vulgarisation des ressources qu'offrent aux vieillards les sociétés de prévoyance.

Nous terminerons cette rapide étude des institutions de bienfaisance qui font défaut à nos campagnes par quelques mots sur la mendicité.

Il faut distinguer entre l'indigent, que l'absence de travail, le chômage ou la maladie, obligent de recourir temporairement à la charité privée, et le mendiant de profession. L'indigent est digne d'intérêt, et doit être secouru avec empressement. Le mendiant de profession, exigeant, vindicatif, est l'effroi des cultivateurs qui n'osent le refuser. Aussi qu'arrive-t-il ? c'est que les fermiers, qui donnent beaucoup aux vagabonds, se refusent à soutenir des œuvres de charité fécondes et utiles. Ils se considèrent, et ils ont en quelque sorte raison, comme dégagés de tout devoir sous ce rapport.

Rien n'est plus fâcheux et n'appelle une réforme plus prompte. Mais si le mal est facile à signaler, il n'est pas aussi aisé de trouver le remède.

L'interdiction absolue de la mendicité est impossible, tant qu'on n'a pas assuré, aux pauvres dignes de ce nom, des secours nécessaires pour vivre. Aussi ne devons-nous pas être surpris de voir cette prohibition de mendier, continuellement violée dans les communes où elle est édictée. Le préfet de l'Orne, M. de Magnitot, a imaginé une sorte de taxe volontaire des pauvres, et grâce aux ressources qu'il puise dans ces souscriptions, il a maintenu sévèrement l'interdiction de la mendicité dans son département.

Nous applaudissons aux bons résultats qu'il a obtenus, mais nous craignons de voir cette taxe volontaire devenir obligatoire, et nous repoussons de toutes nos forces le système d'assistance qui prévaut en Angleterre. S'il est possible de rester dans les limites que s'est imposées le préfet de l'Orne, nous appelons de tous nos vœux l'établissement des caisses de secours et des dépôts de mendicité, qui supprimeraient le mendiant de profession, pour ne subvenir qu'aux besoins de l'indigent. Il faut, pour en arriver là, de la part de l'administration, une surveillance sévère, et, de la part des cultivateurs, une générosité intelligente.

§ IV.

Diminution du contingent annuel et des années de service militaire.

Nos comices agricoles n'ont pas eu de grands efforts à faire pour démontrer que la dépopulation de nos campagnes avait *surtout* pour cause les exigences du service militaire. Aussi, ont-ils, dans leurs réponses au Questionnaire, demandé une réduction dans le contingent annuel et dans la durée des années de service.

Nous savons aujourd'hui quel accueil la nouvelle loi militaire a fait à cette demande. La durée des années de service a été portée de sept à neuf années.

L'établissement de la garde nationale mobile a soumis tous les Français au service militaire.

Enfin le chiffre minimum des contingents paraît être fixé à cent mille hommes.

Voilà l'économie de la nouvelle loi.

On a voulu, en faisant jouer les chiffres, soutenir qu'elle ne créait pas de charges nouvelles, et qu'elle allégeait celles de la loi de 1832. C'est une erreur contre laquelle il est de notre devoir de protester.

« D'ailleurs, comme le disait si justement » M. Jules Favre, il n'est pas besoin de chiffres. » Il est certain que ce fait n'a jamais été contesté, » c'est que plus vous aurez de soldats, moins vous » aurez de laboureurs. Et qu'est-ce qui fait la » richesse d'un pays? Ce sont les hommes qui » travaillent..... »

Nous n'avons à examiner la nouvelle loi qu'au point de vue des intérêts agricoles, et nous n'hésitons pas à dire qu'elle est désastreuse, et que pour les populations rurales les conséquences en seront funestes à tous égards.

Nous nous plaignions déjà des fâcheux effets de la loi de 1832, que dire en présence de ceux que doit amener l'application de la nouvelle loi. Nous regrettions de voir les exigences militaires nous enlever chaque année près de 620,000 hommes, dans la force de l'âge, et aujourd'hui on nous prend près de 750,000 hommes. Nous souffrons de la disette des bras, et voici 130,000 hommes de plus enrôlés sous les drapeaux.

Mais la charge la plus pénible pour l'agriculture c'est la répartition que la nouvelle loi fait du contingent qui entre maintenant pour la presque totalité dans l'armée active, tandis que sous la loi de 1832, il se divisait en deux portions égales destinées à former, l'une *l'armée active*, l'autre *la réserve*.

La classe agricole fournit à elle seule plus de la moitié du contingent : 50,18 pour 0/0. * Il faut donc voir dans quelle mesure les jeunes gens, qu'elle envoie à l'armée, lui reviennent, à l'expiration de leur temps de service. Or, ceux qui entrent dans l'armée active, ne retournent plus au travail des champs, du moins le nombre de ceux qui reprennent la charrue est tellement insignifiant qu'il ne détruit pas notre affirmation.

Ceux qui font partie de la réserve, au contraire, reviennent, pour la grande majorité, à

* Dans notre département, près de 66 %.

la culture du sol. Et ceci s'explique aisément.

Le soldat, dans l'armée active, contracte rapidement les habitudes les plus contraires à la vie agricole : il habite le plus souvent les grandes villes, et se laisse séduire par les distractions qu'elles lui offrent ; il n'est plus soumis qu'à un travail régulier, automatique, qui contraste singulièrement avec le travail imprévu des champs. En peu de temps, il a oublié son premier état, et tout ce qu'il voit, tout ce qu'il entend, le sollicite à l'oublier chaque jour davantage.

Aussi que deviennent ces soldats à l'expiration de leur temps de service?

Ou ils se réengagent ;

Ou ils entrent, comme employés inférieurs, dans les administrations publiques, les postes et les télégraphes ; ou ils obtiennent une place dans les compagnies de chemins de fer ;

Ou enfin ils se gagent comme domestiques.

Quant à ceux qui retournent à la ferme, ils constituent, nous le répétons, une véritable exception.

Pour les soldats incorporés dans la réserve, il n'en est pas de même. Ceux-ci n'ont pas le temps de modifier leurs goûts, de changer leurs habitudes, d'oublier les travaux des champs. La réserve, c'était autrefois pour l'agriculture la véritable planche de salut.

La loi nouvelle a, en fait, supprimé la réserve : car elle incorpore dans l'armée active presque tout le contingent. Ainsi, sous la loi de 1832, la réserve comprenait 50,000 hommes, pour un contingent de 100,000 hommes. Aujourd'hui, il n'entre plus dans la réserve, pour un même contingent, que 13,754 hommes. On voit donc que nous n'avons plus à compter sur la réserve pour conserver des bras à l'agriculture; car tous les jeunes gens, tombés au sort, ou à peu près, feront leurs cinq années de service dans l'armée active.

Aussi ne pouvons-nous, au point de vue des intérêts agricoles, considérer comme un avantage cette réduction tant vantée de deux années apportées par la nouvelle loi au service actif. Cinq années suffiront malheureusement pour éloigner le soldat de la vie rurale, et lui donner d'autres habitudes; et les conséquences que nous avons indiquées se produiront infailliblement, malgré cette réduction.

Nous devons donc nous résigner à voir décroître, de plus en plus, sous l'empire de la loi de 1868, le nombre des travailleurs dans nos campagnes ; aussi avons-nous été douloureusement surpris par le vote de nos législateurs qui sous prétexte de veiller à la sécurité de la France, ont considérablement affaibli une des sources les plus fécondes de notre richesse publique. M. Thiers l'a dit avec raison : « Je regrette la loi pro-
» posée, parce qu'elle *inquiètera* les popula-
» tions, et qu'elle affaiblira l'armée au lieu de la
» fortifier. »

Non-seulement le recrutement, avec les chiffres élevés des contingents actuels, est une des causes les plus énergiques de la disette des bras dans nos campagnes ; il est encore une des premières raisons du sensible ralentissement de la population en France. Laissons parler les chiffres. En Saxe, il faut 45 ans pour doubler la population ; en Angleterre, 49 ; en Prusse, 54 ; en Russie, 56 ; en Italie, 136 ; en France, 150 ans selon les uns, 180 selon les autres, et ces derniers ont raison. L'Autriche est la seule nation qui, sous ce rapport, nous soit inférieure. C'est une situation grave, qui doit avoir des conséquences funestes pour l'avenir d'un peuple. Aussi faut-il y remédier promptement, et le premier remède, c'est de favoriser le mariage. Or, la nouvelle loi militaire n'est pas faite pour obtenir ce résultat.

Sous l'ancienne loi, le soldat ne pouvait se marier qu'à 27 ans 1/2 en droit, mais en fait, il obtenait aisément l'autorisation nécessaire pour contracter mariage dès 26 ans 1/2, c'est-à-dire dans la dernière année de service. Ces autorisations, pour l'année 1866, se sont élevées à 10,056. La loi nouvelle établit en droit que le soldat peut se marier à 26 ans 1/2. Mais l'exercice de ce droit devient difficile, en face des trois années, pendant lesquelles le soldat est obligé de rester incorporé. Sa position était évidemment plus favorable, sous l'ancienne loi, où il avait à courir les éventualités d'un rappel sous les drapeaux, ou d'une guerre, pendant une année seulement; aujourd'hui cette situation précaire, incertaine, a une durée de trois ans. En réalité, l'avantage que semble créer la loi de 1868, n'en est pas un, et nous pensons que la moyenne de l'âge auquel l'homme se marie en France, moyenne qui est de 30 ans et quelques mois,* grâce au recrutement tel qu'il était pratiqué jusqu'ici, sera reculée jusqu'à 32 ou 33 ans, avant qu'il ne soit longtemps.

Il nous reste à dire un mot de la garde nationale mobile, cette heureuse innovation de la loi de 1868. « Il n'y a plus de bons numéros, » telle est la conséquence de la nouvelle organisation militaire. Tout Français est voué maintenant au fusil, s'il n'a quelque exemption légale, et lorsqu'il ne fait pas partie de l'armée active, il entre dans la garde nationale mobile. Il est soumis à vingt jours d'exercice par année, et à des déplacements qui peuvent se répéter deux fois par mois. Pendant qu'il est sous les armes, la loi militaire le régit ; et les officiers supérieurs, nommés par le gouvernement, sont pour la plupart d'anciens

* Cette moyenne de 30 ans et quelques mois s'explique aisément : à 27 ans et 1/2, avant la loi de 1868, on était libéré du service ; pour se créer un établissement, deux et trois ans ne sont, certes, pas un trop long stage. Aussi sommes-nous autorisé à soutenir que le soldat, entièrement libéré aujourd'hui à 29 ans 1/2, ne se mariera en moyenne que vers 32 ou 33 ans. Ce n'est pas ainsi que nous accroîtrons la population de la France.

militaires, ayant sur la discipline, sur l'obéissance passive, des idées très-opposées aux habitudes du citoyen français.

Nous n'avons pas besoin d'insister sur les charges qu'imposera aux populations la garde nationale mobile. Ce qui préoccupe à bon droit nos cultivateurs, ce sont ces déplacements pendant vingt jours de l'année, qui, pour n'être d'après la loi que de vingt-quatre heures, auront, par la force des choses, une durée bien plus longue. Ces réunions seront une nouvelle occasion de dépenses, et une cause d'absence très-préjudiciable pour les travaux agricoles.

Rien n'est donc plus opposé aux intérêts bien entendus de l'agriculture.

Nous n'avons ni l'intention, ni le loisir de traiter ici cette grande question de l'organisation militaire, nous nous bornons à critiquer la nouvelle loi, qui, sans modifier le principe de ce lourd impôt du sang, ne fait qu'en augmenter les charges, en frappant précisément les classes agricoles.

Dans l'état actuel des choses, nous réclamons avec énergie une diminution dans le contingent annuel, et le retour à la répartition, si favorable à l'agriculture, du contingent pour moitié dans l'armée active, et pour moitié dans la réserve. Nous demandons également la réduction des années de service : car le grand ennemi de la vie des champs, c'est la vie de garnison.

Ces vœux sont ceux que les déposants à l'Enquête ont émis à l'unanimité dès 1866; nous savons comment la loi votée en 1868 y a répondu. Espérons que le gouvernement cèdera à la pression de l'opinion publique, et comprendra qu'issu du suffrage universel (on nous l'a si souvent répété à la tribune), il doit se rendre aux désirs nettement exprimés de la majorité. Car de toutes les causes de dépopulation des campagnes, la plus sérieuse assurément, c'est le recrutement, tel qu'il fonctionne en ce moment. Nous croyons nécessaire de le répéter encore une fois, tant il est utile de faire pénétrer partout cette vérité.

§ V.

De la famille agricole, et des rapports des maîtres et des domestiques dans les campagnes.

Nous avons indiqué les divers moyens, signalés dans l'Enquête, pour enrayer le mouvement d'émigration qui enlève tant d'ouvriers agricoles à nos campagnes; nous avons cherché à mettre en évidence les ressources que chacun de ces moyens pouvait nous apporter. Il nous reste à dire un mot de la situation faite à la famille rurale par cette tendance à l'émigration, et aussi quelle influence la dépopulation, dont nous gémissons, a exercée sur les rapports actuels des maîtres et des domestiques.

M. Migneret, dans le travail que nous analysons, a défini la famille agricole par un mot un peu recherché, mais vrai : « Ce n'est plus, dit-il, » qu'une agglomération éducationnelle. » Et il développe ainsi sa pensée : « Le père ne peut » plus être assuré du concours de ses enfants » au-delà de la majorité légale de ceux-ci. »

Cette appréciation n'est malheureusement que trop juste : et cet état particulier de la famille nous semble être la conséquence forcée de l'affaiblissement de l'autorité paternelle, et du développement, chaque jour plus accentué, de l'égoïsme.

Cette soumission respectueuse, cette affectueuse obéissance avec lesquelles les enfants accueillaient autrefois les ordres de leur père, ne sont plus connues de nous. Il y a trente ans à peine, le père était vraiment chef de la famille, il commandait « dans le respect et dans l'amour, » selon l'heureuse expression d'un célèbre prédicateur, et il était obéi dans ces deux sentiments. Aujourd'hui, il n'en est plus ainsi. L'affection, chez de bonnes natures, peut encore conserver au père de famille cette bienfaisante autorité; mais elle est méconnue chez les natures froides, peu accessibles aux mouvements du cœur. Les enfants ont tant d'exemple d'ingratitude sous les yeux qu'ils ne craignent pas d'en augmenter le nombre.

Double malheur et pour la société, et pour l'agriculture; pour la société, car si l'on veut fonder une nation forte, former des citoyens vertueux, dans le sens étymologique de ce mot, il faut des familles étroitement unies, des foyers où le père sache commander et les enfants obéir; pour l'agriculture, car cette recherche d'une vie indépendante, où l'on demande à s'affranchir de tout lien comme de tout devoir, est une des causes les plus tristes, mais les plus sérieuses, de l'émigration de nos ouvriers agricoles.

Aussi le dimanche, jour de repos, de recueillement, de délassement honnête, devient-il de plus en plus funeste à nos mœurs et à nos habitudes rurales.

Les sentiments religieux, dont on ne peut nier l'affaiblissement, servaient puissamment jadis à maintenir au père de famille son autorité; mais leur salutaire influence ne s'exerce plus, dans nos campagnes, avec le même prestige qu'autrefois.

Nous avons parlé de l'égoïsme qui semble être la devise de notre siècle. Chacun pour soi, c'est une maxime souvent répétée, et, ajoutons-le, beaucoup trop obéie, car elle est funeste à la fois et aux sociétés et aux individus. Et cependant, s'il est un défaut qui soit contraire aux qualités du peuple français, dont la nature est si généreuse et si chevaleresque, c'est celui-là. Aussi regrettons-nous d'en constater l'existence, même dans nos campagnes. L'égoïsme, en effet, c'est bien là ce qui enlève au père de famille ses aides naturels, ceux sur lesquels il se croyait en droit de compter pour continuer son exploitation. C'est l'égoïsme qui fait fuir du foyer paternel les enfants séduits par le désir d'être libres et de jouir pour eux-mêmes de la vie, oublieux des devoirs que leur impose leur titre de fils.

C'est encore l'égoïsme qui produit cette diminution des naissances, constatée par le recensement de 1866; car tandis que le nombre des naissances suit une progression descendante, celui des mariages augmente. * Mais l'infécondité calculée est un fait acquis et que l'Enquête agricole a révélé par des chiffres significatifs. Triste et honteux calcul, avoué hautement malgré son immoralité, et qui doit, si nous ne savons le repousser énergiquement, en le flétrissant comme un crime,

* De 1831 à 1835 on compte 48,991 naissances et 13,397 mariages.
De 1841 à 1845 — 47,837 — 13,682 —
De 1861 à 1865 — 44,989 — 14,859 —
4,000 naissances de moins et 1,500 mariages de plus, si nous comparons la période de 1831-1835 à celle de 1861-1865.

conduire la France à l'annihilation et à l'impuissance plus sûrement que la guerre ou les révolutions.

Ces réflexions générales s'appliquent particulièrement à la Mayenne, car dans la liste des départements classés par ordre décroissant, nous occupons

pour le nombre des mariages, le	47me	rang.
pour la fécondité absolue des mariages, le	65me	—
pour la mortalité, le.	23me	—
et pour l'excédant des naissances sur les décès, le	78me	—

Nous sommes dans des conditions hygiéniques excellentes, exceptionnelles, et cependant notre population ne s'accroît pas. Ceci prouve combien dans notre département on a écouté les funestes conseils de l'égoïsme, et comment pour s'assurer une aisance plus complète, on a limité le nombre des enfants.

Il nous reste à parler des rapports des maîtres avec leurs domestiques.

Nous connaissons tous cette touchante expression de la langue latine : *domus*, qui s'appliquait non-seulement aux parents, mais aussi aux serviteurs de la maison. Nous l'avions conservée jusqu'ici, car, il n'y a pas longtemps encore, on rencontrait dans un grand nombre de familles les anciens domestiques, attachés à leurs maîtres, qu'ils servaient depuis vingt ou trente ans, et considérés par eux comme des amis d'une classe à part auxquels les rattachaient les liens de la reconnaissance. Ce souvenir de la vie patriarcale s'est complétement évanoui.

« Les domestiques de ferme, dit M. Migneret,
» sont devenus non-seulement exigeants, peu
» soumis, mais moins travailleurs, nomades, et
» rompant leurs engagements sous le moindre
» prétexte et au moment le plus défavorable. »

Ces paroles sont sévères, mais on ne peut nier qu'elles n'aient un côté vrai. Il faut rechercher la cause de ce fâcheux état de choses. On a signalé, notamment, *l'influence des cabarets.* Ces lieux de réunion jouent un triste rôle dans la démoralisation des populations rurales, et tous les comices agricoles ont insisté pour que le gouvernement prît des mesures destinées à en limiter le nombre. Mieux que tous les développements et toutes les considérations, les chiffres officiels feront saisir l'étendue du mal, et la nécessité d'un remède énergique.

Dans le département de la Mayenne on comptait, en 1859, 3,037 cabarets; en 1866, 4,151, c'est-à-dire 1,113 cabarets nouveaux dans sept années, et la population a diminué depuis 1861 de 7,308 habitants. Voici, d'ailleurs, le tableau qui a été publié lors de l'Enquête :

				AUGMENTATION.
En 1861	on comptait	3,257	cabarets.	
1862	—	3,347	—	90
1863	—	3,472	—	125
1864	—	3,572	—	100
1865	—	3,808	—	236
1866	—	4,151	—	343

Trois cent quarante-trois cabarets ouverts en une seule année!

Tous les déposants à l'Enquête ont réclamé contre cette progression continue; ils ont fait remarquer avec raison que le préfet avait un droit absolu pour autoriser ou refuser l'ouverture de ces établissements; que c'était lui qui devenait ainsi responsable des funestes conséquences qu'ils signalaient. Nous avons le droit de nous étonner que l'administration, « cette tutrice si attentive, » comme on se plaît à l'appeler dans le langage officiel, ne sache pas mieux remplir sa mission. Ne faut-il voir, dans cette conduite, qu'un souci nécessaire des intérêts du Trésor, dont la situation financière ne permet de supprimer aucune ressource, ou bien, en créant chaque jour de nouveaux cabarets, l'administration a-t-elle en vue de se ménager un appui, pour les jours d'élections? De ces deux explications laquelle est la plus fondée : c'est à nos lecteurs de le dire, mais nous croyons être dans le vrai en affirmant que ni l'une ni l'autre ne peut excuser le gouvernement de sa condescendance déplorable au point de vue de la moralité des campagnes.

Car c'est au cabaret, où les retient le jeu, que les domestiques contractent ces habitudes de désobéissance, et pour quelques-uns, ce dégoût du travail, qui est l'objet de plaintes si nombreuses de la part des cultivateurs; c'est là aussi qu'ils se trouvent entraînés à dépenser leurs gages, au lieu de s'assurer, par une sage économie, les éléments d'un premier établissement.

Quant aux rapports entre les maîtres et les domestiques nous savons tous combien aujourd'hui, ils sont difficiles et tendus. Comment revenir à une situation plus satisfaisante?

Il faut, pour cela, faire appel aux sentiments de conciliation; il faut faire comprendre au domestique qu'il ne lui suffit pas d'obtenir un salaire élevé, mais qu'il doit le gagner par un travail assidu; que ses intérêts ne sont pas opposés à ceux du maître; qu'en aidant celui-ci à assurer sa fortune, il rend par là même le paiement de ses gages plus certains et leur augmentation plus probable. Il faut, de son côté, que le cultivateur ne se considère pas seulement comme le maître de ses domestiques, mais comme leur protecteur naturel, leur aide, leur conseiller, et qu'il apporte dans ses rapports avec eux, une bienveillance attentive.

Nous avons confiance encore, pour remédier au triste état de choses que nous avons signalé, dans l'instruction des classes rurales. Instruisons-les, éclairons-les, et alors, soyons en sûrs, la vérité et le bon sens triompheront.

En terminant ce chapitre sur la dépopulation de nos campagnes, nous nous trouvons naturellement en face de cette question : quelle ressource reste donc aux agriculteurs, aux exploitants, si ce mouvement d'émigration, que nous avons signalé, ne subit point de temps d'arrêt?

M. Migneret y répond en indiquant les efforts d'un cultivateur de l'Orne, qui, obligé de lutter contre le manque de bras, a modifié entièrement son mode de culture, s'est créé, par location, une grande exploitation, y a apporté un matériel perfectionné, et a réalisé des bénéfices importants, en cultivant en grand la betterave.

Cet exemple ne peut être recommandé à nos agriculteurs que sous un rapport, l'emploi des instruments perfectionnés; notre pays, en effet, ne se prête pas à une grande culture en raison de sa division parcellaire et de la nature de nos exploitations rurales. Mais nos cultivateurs, en face des plaintes qu'ils émettent chaque jour, ne savent pas utiliser les découvertes de la science, ni mettre à profit les heureuses innovations apportées depuis vingt ans au matériel agricole. Ils méritent, à cet égard, des reproches sérieux. En ne voulant pas modifier leur ancien outillage, ils agissent contre leurs intérêts. Deux motifs les arrêtent: la dépense, et tranchons le mot, la routine. L'avenir, soyons-en certains, se chargera de leur démontrer qu'ils se trompent. L'argent ainsi employé est de l'argent bien placé, voilà pour la dépense. Sans changement, pas de progrès, voilà pour la routine. Nos cultivateurs le savent bien.

Quand ils manquent de bras, pourquoi n'emploient-ils pas les faucheuses et les faneuses?

Pourquoi ne se servent-ils pas de tous les instruments adoptés dans le Nord, dans l'Est de la France, et que l'expérience a consacrés depuis longtemps déjà? Pourquoi? Parce qu'ils n'ont pas assez d'énergie et d'initiative, parce qu'ils vivent trop avec le passé. Cette charrue, disent nos fermiers, a jusqu'ici bien remué ma terre, à quoi bon la modifier? Voilà le raisonnement que l'on entend tous les jours. C'est aux propriétaires à y répondre, en vulgarisant l'usage des meilleurs instruments. Et ne l'oublions pas, si la rareté des bras continue à se faire sentir, nous serons bien forcés de demander aux machines un concours que jusqu'ici elles ne nous ont donné que d'une manière très-insuffisante. C'est là seulement que l'agriculture trouvera un remède à l'absence des travailleurs agricoles.

Pour combattre la dépopulation dans nos campagnes, nous avons indiqué quatre moyens. Résumons-les brièvement. Instruisons d'abord les enfants, donnons-leur une éducation plus appropriée à leur milieu, que tous sachent lire, écrire et connaissent les premières notions de la culture; que nos écoles soient gratuites, et que par des avantages sérieux on sollicite tous les enfants à suivre des cours; que nos grandes villes mettent un terme à leurs prodigalités ruineuses, qu'elles n'enlèvent pas à nos campagnes les ouvriers séduits par des salaires élevés, qu'elles n'attirent pas, au détriment du sol et par des moyens que la loi repousse, nos capitaux et nos économies; créons ensuite dans les campagnes des institutions de bienfaisance qui ne laissent plus aux villes le monopole de la charité; faisons en sorte que le cultivateur trouve dans son village, à sa porte, les avantages qu'offrent les grands centres de populations. Enfin, réduisons notre armée, ne prenons pas chaque année aux populations rurales le plus pur de leur sang; ne cherchons plus à conquérir des royaumes ou à fonder des empires au-delà des mers, et peut-être alors nos campagnes verront-elles encore de beaux jours !

CHAPITRE II.

—

DES CHARGES QUI GRÈVENT L'AGRICULTURE.

Ces charges sont nombreuses et les déposants à l'Enquête ont aisément démontré qu'elles étaient une des principales causes des souffrances de l'agriculture. Une bonne récolte, pendant une ou deux années, donne à nos campagnes un aspect florissant et une aisance relative, mais peu à peu cette richesse est entamée par des charges qui ne varient que pour s'accroître.

L'impôt qui frappe le plus rudement la culture, c'est l'impôt du sang. Nous en avons déjà indiqué les douloureuses conséquences et nous ne voulons pas revenir sur ce pénible sujet. Les classes agricoles fournissent à elles seules presque les deux tiers du contingent militaire. Aussi la loi de 1868 et l'établissement de la garde nationale mobile ont-ils été mal accueillis par elles. Nous espérons que, revenant à un sentiment plus juste de l'intérêt de la France, le gouvernement allégera le lourd fardeau que nous imposent aujourd'hui les exigences du service militaire.

Les autres charges qui grèvent l'agriculture, sont :

1° Les impôts directs ;

2° Les impôts indirects, et notamment les octrois ;

3° Les droits d'enregistrement et de mutations par décès.

On a demandé la diminution de ces divers impôts, mais sans succès, jusqu'ici du moins. Examinons en quelques mots ce qu'il y a de fondé dans les réclamations faites à ce sujet par les déposants à l'Enquête.

§ Ier.

Des impôts directs.

Le chiffre total des impôts directs payés par le département de la Mayenne s'élève à la somme de *quatre millions sept cent quatre-vingt-onze mille quatre cent cinquante-quatre francs,* soit par tête, pour une population de 367,855 habitants, *treize francs deux centimes.*

L'impôt foncier varie, dans notre département, entre 7 francs, maximum exceptionnel, et 1 franc l'hectare. La moyenne, pour les terres de première classe, est de 4 à 5 fr. 50 c. l'hectare.

Nous tirons ces chiffres du rapport de M. Migneret, qui se contente à ce sujet d'ajouter : « Les départements de l'Ouest payent une con- » tribution directe très-modérée. »[1] Nous aurions préféré une autre expression : car il ne faut pas tenter le Trésor, toujours disposé à trouver que les contributions sont peu élevées et susceptibles d'augmentation. D'ailleurs il n'en est pas ainsi, quoi qu'en dise M. Migneret, treize francs par tête, pour les impôts directs, c'est un chiffre très-respectable, et qui nous semble devoir constituer un maximum.

Quelques déposants ont demandé la révision du cadastre, non-seulement pour rétablir la division parcellaire qui a subi tant de modifications, mais aussi pour arriver à un nouveau

[1] *Rapport*, page 37.

classement du sol arable. Cette révision qui aurait, dans un grand nombre de communes, un caractère d'équité incontestable, favoriserait peut-être le fisc désireux d'augmenter le chiffre de l'impôt foncier, et, comme nous venons de le dire, la propriété territoriale est suffisamment grevée. Il faudrait que, par ce travail, on parvînt à établir l'égalité de cet impôt entre les diverses communes, sans aggraver d'une manière sensible la position de celles qui ont été favorisées, soit par les efforts et l'intelligence de leurs habitants, soit par l'heureux développement de la culture.

Sur ce point évidemment, il y a quelque chose à faire.

On paraît ne s'être pas préoccupé suffisamment dans l'Enquête de l'augmentation continue subie par les patentes. Depuis 1851, cette augmentation est d'un tiers environ pour les patentes des ouvriers des bourgs et des petits commerçants, dont la situation modeste est si digne d'intérêt. On avait besoin d'argent, on s'est montré d'une rigueur extrême, sans souci de l'avenir. L'agriculture en a reçu le contre-coup immédiat. Pour se couvrir des frais de patente, le débitant a dû augmenter ses prix de vente, et c'est le consommateur, c'est-à-dire, le cultivateur qui supporte ce nouvel impôt . sans que le commerçant profite du prix surélevé. Nous aimons à croire que les conseils généraux, dont les attributions ont été, en matières d'impôts, heureusement agrandies, songeront aux intérêts tant du petit commerce, qu'à ceux du consommateur, et qu'ils diminueront les patentes, qui pèsent si lourdement sur le détaillant. N'oublions jamais que tout ce que l'État prend à la nation sous forme d'impôts, c'est autant de forces vives pour la richesse publique annulées et détruites.

§ II.

Des impôts indirects. — Des octrois.

Les impôts indirects n'ont pas diminué depuis l'Empire. Mais dans le rapport de M. Migneret, on ne trouve, pour le département de la Mayenne, aucun tableau qui nous permette d'apprécier ce que nous payons à cet égard. Nous savons seulement que chaque année les produits de ces divers impôts augmentent, et pour nous ce n'est pas une preuve absolue de prospérité. Aussi nous persistons à réclamer leur allégement, dans une proportion très-sensible : car ils frappent sur des articles de première nécessité, et que l'équité voudrait voir complétement dégrevés.

L'agriculture demande particulièrement la suppression des droits sur le sel dont on pourrait, grâce à ce dégrevement, faire un emploi si heureux, * sur les engrais étrangers, tels que le guano; sur certaines matières premières, destinées à la composition des engrais chimiques. Elle sollicite encore une révision des tarifs des chemins de fer, pour les transports : grâce au monopole des compagnies, ces droits deviennent de véritables impôts, dont il faut poursuivre énergiquement la diminution.

Quelques déposants à l'Enquête ont demandé la suppression des octrois ou au moins l'abaissement des taxes locales. Nous ne voulons point

* Une récente circulaire du Ministre des finances et un décret impérial ont réduit les droits sur les sels, et fixé un mode de dénaturation.

examiner cette importante question sous toutes ses faces : cela nous entraînerait dans un travail dépassant de beaucoup les limites que nous nous sommes imposées. Mais nous croyons cependant que d'ici à peu de temps nous réaliserons en France cette réforme, heureusement opérée en Belgique. Les octrois disparaîtront. On a retardé leur chute par les dépenses insensées que les villes ont faites depuis vingt ans, mais en principe ils sont condamnés.

M. Migneret est loin de partager ces idées, car il s'étonne que l'agriculture réclame la diminution des taxes locales : il se demande quel bénéfice elle y trouvera. Mais qu'il nous permette de lui dire que l'habitant de la ville, auquel le cultivateur vend ses denrées, consommera d'autant moins qu'il sera forcé d'acquitter, outre le prix de l'objet consommé, un droit d'entrée plus élevé. Cela ne diminue pas, répond M. Migneret, le prix de la denrée vendue. C'est possible, mais la vente en est diminuée ; le résultat est donc préjudiciable au producteur ; et sa réclamation contre les taxes locales est parfaitement légitime.

Mais si elle est légitime, est-elle d'une réalisation facile? Nous avons conservé le souvenir d'un excellent travail de M. Léonce de Lavergne sur ce sujet et nous ne voulons qu'indiquer brièvement ici les bases de son système.

« Je suppose, dit M. de Lavergne, une ville où l'octroi » rapporte 100,000 fr.; je partagerais cette somme en » quatre parties égales :

» Le premier quart se composerait des frais de percep- » tion, qui s'élèvent en moyenne à 12 pour 0/0, et d'une » réduction de 13 pour 0/0, que la ville consentirait sur » son revenu, soit ensemble. . . . . 25,000 fr.

» Pour le deuxième quart, l'État abandonnerait à la » ville le principal de l'impôt foncier qu'il y perçoit jus- » qu'à concurrence de. . . . . 25,000 fr.

» On obtiendrait le troisième quart par des centimes » additionnels sur la contribution personnelle et mobilière » de la commune, ci. . . . . 25,000 fr.

» Le dernier quart serait pris sur des centimes ad- » ditionnels aux trois autres contributions directes, » ci. . . . . 25,000 fr. »

(*Journal des Économistes,* livraison de novembre 1866, page 317.)

C'est à titre de renseignement que nous avons cité cette page. Le procédé est ingénieux : en l'état actuel de nos finances, il est d'une exécution peut-être difficile; mais on est en droit d'espérer que nous verrons enfin nos budgets diminuer leurs chiffres imposants, et que certaines dépenses subiront des réductions importantes. Alors on pourra songer à supprimer les octrois, et ce sera, répétons-le, une mesure excellente et très-profitable aux producteurs, car, selon les réflexions de M. de Lavergne, « si les villes ont le droit de » s'imposer, elles n'ont pas le droit d'imposer » autrui ; or elles imposent par le fait les pro- » ducteurs qui leur vendent leurs denrées ; la » Bourgogne et le Languedoc supportent, par » exemple, une grande part de l'octroi perçu à » Paris sur les vins. » Nous pourrions signaler le préjudice que les droits d'octroi qui frappent à Paris le cidre, causent à notre pays.

§ III.

Des droits d'enregistrement et de mutations par décès.

La réduction de ces deux droits ont été l'objet de réclamations « *nombreuses et persistantes,* » selon l'expression de M. Migneret, qui d'ailleurs s'est prononcé nettement dans le même sens.

« *Le droit de mutation,* dit-il avec raison, *porté* » *à ce taux, n'est plus un impôt sur le revenu, mais un*

» PARTAGE DE LA PROPRIÉTÉ ELLE-MÊME *entre l'État* » *et le nouveau propriétaire.* »

Le gouvernement écoutera-t-il ces plaintes si légitimes; fera-t-il droit à des observations si justes? Nous n'osons l'espérer, car, depuis 1866, aucune loi nouvelle n'a sous ce rapport répondu aux vœux des contribuables. Il faut donc insister de nouveau sur cette question.

Le droit de mutation est une charge très-lourde pour la propriété, et il a subi depuis vingt ans une augmentation sensible. Il ne se perçoit pas enfin d'une manière équitable, puisque l'administration ne tient, dans l'acquittement de ce droit aucun compte du passif qui grève la succession et réclame le paiement du droit sur toutes les valeurs actives, quel que soit le chiffre des dettes. Résultat inique. L'héritier paie un droit sur des valeurs dont il ne profite pas. M. Migneret parle d'un *partage* entre l'État et l'héritier, ici-même il n'y a plus partage, puisque l'État s'attribue un droit sur des valeurs qui n'existent pas.

Un exemple fera saisir plus vivement encore l'injustice de la perception actuelle.

X** meurt, *ab intestat,* laissant 100,000 fr. de créances ou de numéraire et 80,000 francs de dettes. Il a pour héritier son frère B. Ce dernier ne recueillera par le fait que 20,000 francs, c'est-à-dire la différence entre l'actif (100,000 fr.) et le passif (80,000). Au point de vue de l'équité, sur quelle somme l'État peut-il percevoir l'impôt? Sur 20,000 francs, somme touchée par l'héritier, et déjà à 6 fr. 50 par 100 francs, le droit payé serait assez onéreux puisqu'il représenterait, avec le décime et le demi-décime, 1,495 francs, c'est-à-dire presque une année et demie du revenu. En fait l'héritier paiera bien davantage puisque le droit est calculé non pas sur 20,000 francs mais sur 100,000 francs, il paiera donc :

En principal	6,500 fr.
Décime.	650
Demi-décime.	325
Total.	7.475 fr.

Il touche dans la succession de son frère 20,000 fr. Mais pour avoir droit de recevoir cette somme, il lui faut verser à l'État 7,475 francs. C'est un joli denier. Il arrive même, dans certaines circonstances, que l'héritier ne recueillant aucune valeur est soumis à payer un droit. Cette perception n'est-elle pas une injustice flagrante? Et comprend-on qu'un peuple aussi logique que le peuple français laisse se perpétuer un tel état de choses ? Mais l'administration a besoin d'argent, le Trésor a des charges multiples, et il faut les acquitter. Tous les déposants à l'Enquête ont réclamé contre cet abus, depuis longtemps tous les recueils de jurisprudence ont signalé cette iniquité, des pétitions toujours écartées ont été adressées au Sénat pour demander une révision nécessaire de ces droits. Ces protestations n'ont jusqu'ici abouti à aucun résultat. Le fisc a maintenu sa perception. Ses défenseurs prétendent que la distraction du passif sera l'occasion de nombreuses fraudes rendues faciles par la simulation d'un passif fictif. En Belgique on a appliqué, depuis plus de vingt ans, ce mode équitable de perception et l'on a su écarter la fraude, en n'admettant au passif que les dettes constatées, soit par acte sous signatures privées ayant date certaine, soit par acte authentique. Pourquoi n'adopterions-nous pas cette règle parfaitement sage? Rien n'est plus facile assurément, mais il faut remarquer que les abus, qui remplissent les coffres du Trésor, trouvent toujours des défenseurs intéressés, et n'ont pas chance de disparaître promptement.

On avait parlé, il y a quelques années, d'une loi nouvelle destinée à augmenter les droits d'enregistrement. On s'est arrêté devant le soulèvement de l'opinion publique. Mais par un moyen habile, on a, cependant révisé certains droits, et sous prétexte que le système décimal est essentiellement national et qu'il faut l'appliquer à tout, on a porté le timbre de 0,35 cent. à 0,50 cent., celui de 0,70 cent. à 1 fr., et celui de 1 fr. 25 à 2 fr. Cette augmentation, minime en apparence, produit chaque année un chiffre important et constitue une nouvelle charge pour le contribuable.

Le décime était un impôt temporaire qui avait été créé pour subvenir à des dépenses de guerre. Lors de la campagne d'Italie, le décime fut doublé et l'on eut ainsi le décime et le double-décime. La paix de Villafranca ne nous a enlevé ni l'un ni l'autre de ces impôts. Depuis deux ans seulement le double-décime a été réduit au demi-décime. *

Ces droits d'enregistrement et ceux de mutation par décès frappent particulièrement l'agriculture, et nous l'avons prouvé, ils la frappent quelquefois d'une manière inique, toujours d'une manière exorbitante. Nous n'entendons point supprimer les impôts, ni les ressources de l'État, comme une certaine école, aux promesses faciles, le répète aujourd'hui, mais nous croyons qu'un impôt doit être justifié, et que pour le faire accepter des populations, il est nécessaire qu'elles en comprennent la justice.

La petite propriété est encore grevée d'une charge que la réforme annoncée du Code de procédure fera heureusement disparaître. Nous voulons parler des frais judiciaires qui, dans les licitations peu importantes, absorbent les plus clairs deniers de la succession. On a souvent cité le calcul présenté par M. Leplay, dans son ouvrage sur la *Réforme sociale*, et par lequel il établit que

* Ces deux droits supplémentaires créent une charge très-lourde. On dit qu'un acte paie un droit de 1 pour 0/0, c'est une erreur, c'est 1 fr. 15 cent. pour 0/0 qu'il faut dire.

dans la succession d'un ouvrier possédant une valeur de 725 francs, et dévolue à ses quatre enfants mineurs, les frais judiciaires pour parvenir à la vente se sont élevés à 709 fr. 50 c., laissant aux orphelins 15 fr. 50 c. Ce calcul est malheureusement exact.

Dans nos campagnes, où le désir de posséder un champ entraîne parfois des cultivateurs peu aisés à acheter quelques ares de terre, nous pouvons signaler de semblables faits.

Une réforme est nécessaire : mais il faut qu'elle soit faite avec la mesure et la prudence qu'exige le respect de la propriété et des droits acquis. Et dans une matière si délicate, nous recommandons l'exemple de l'Angleterre où l'on a admis une réduction des frais judiciaires proportionnelle à l'importance de la succession, et une procédure plus ou moins complète selon que les valeurs de l'hérédité sont plus ou moins fortes.

Pour résumer nos observations sur cette importante question des charges de l'agriculture, nous réclamons instamment :

1° Une diminution dans le chiffre des patentes ;

2° Une réduction des droits d'octroi, en attendant leur suppression définitive.

3° Une diminution et une révision sévère des droits d'enregistrement, des droits de mutation, et surtout, dans la perception des droits, la distraction du passif dûment constaté de la succession;

4° Enfin, dans une mesure restreinte, et en n'attachant à cette réforme que l'importance qu'elle mérite, une révision parcellaire du cadastre.

Nous signalerons de nouveau la nécessité de rendre l'impôt du sang moins lourd pour les classes agricoles; nous l'avons déjà dit, mais nous tenons à le répéter.

N'est-ce pas, en terminant, le lieu de rappeler ici l'expression énergique de M. de Lavergne qui signale la *propriété foncière* comme « *la bête de somme du fisc.* » Il est temps qu'on la soulage pour qu'elle ne s'affaisse pas sous la charge.

§ IV.

De la division de la propriété et de quelques réformes législatives à ce sujet.

Le morcellement extrême de la propriété est

un fait aujourd'hui prouvé, et quoique notre département, par des circonstances toutes particulières, qui dépendent de notre mode d'exploitation et de culture, soit moins soumis à ce régime, nous n'en pouvons pas moins affirmer cette vérité. Voici quelques chiffres qui confirment notre dire.

En 1851, pour 85 départements (le département de la Seine est retranché), on comptait :

Surface : 51,954,834 hectares.

Propriétés privées : 49,325,514 hectares divisés en 136,000,000 de parcelles.

Le nombre de propriétaires était de 7,578,000, sur lesquels 60,000 seulement payaient une cote foncière de *trois cents francs* de principal et au-dessus, ce qui représente en surface 90 hectares, en revenu 4,500 fr., et en capital 150,000 fr. Voilà la grande propriété.*

La moyenne et la petite propriété comptaient à elles deux 7,500,000 détenteurs environ. Dans ce nombre 3,000,000 étaient exempts de la contribution personnelle, c'est-à-dire dans un état

* Chiffres donnés au Sénat par M. Bonjean.

voisin de l'indigence. Le reste, soit 4,500,000 individus, représentaient non-seulement la moyenne propriété, mais encore la petite, car les cotes d'un chiffre peu élevé sont de beaucoup les plus nombreuses. *

Ajoutons encore que, depuis 1851, les cotes foncières au-dessous de 5 francs ont augmenté dans la proportion de 25 pour 0/0. Et *cinq francs* de contribution foncière représentent en surface *un hectare cinquante ares*, en revenu *quatre-vingts francs*, en capital *deux mille cinq cent cinquante francs*.

La division extrême de la propriété est donc un fait certain, indéniable.

Quelles en sont les conséquences pour l'agriculture? Voici ce que répond à ce sujet un économiste célèbre, J. Stuart Mill : « Que chaque » paysan possède un morceau de terre, même en » toute propriété; si cette terre ne suffit pas à » l'entretenir dans l'aisance, c'est là un système » qui comporte tous les inconvénients et à peine

* 11,000,000 de cotes, sur lesquelles de 7 à 8,000,000 sont au-dessous de 5 francs. — Chiffres donnés par M. André, de la Charente. (Voir *Moniteur* du 12 janvier 1868.)

» un seul des bienfaits résultants des petites » propriétés. »

Tous les auteurs sont d'accord sur ce point : s'il est vrai que la division est un bien, et produit d'excellents résultats, en augmentant la fortune publique, la pulvérisation de la propriété, selon l'énergique expression de Tocqueville, engendre la misère, épuise la terre, et devient ainsi la ruine des cultivateurs et du sol.

Il faut donc, étant admis ces deux faits, division *extrême* de la propriété, et fâcheux résultats de cette division extrême pour l'agriculture, chercher quelles sont les causes de ce morcellement.

M. Migneret, dans son rapport, en a indiqué plusieurs qui concourent toutes au même but, avec plus ou moins de force :

1° L'égalité des partages dans la succession et la réserve des enfants (art. 731 et suivants, art. 913 et suivants du code Napoléon);

2° La prohibition des substitutions (art. 896 et suivants);

3° Le droit absolu et inaliénable pour tout propriétaire de sortir de l'indivision (art. 815);

4° Le droit reconnu à chaque co-partageant

de demander *en nature* sa part des meubles ou des immeubles de la succession, si le partage en est possible, principe étendu malheureusement aux donations et partages d'ascendants (art. 826, 1075).

Est-il possible de réagir contre ces dispositions légales? A cette question, souvent posée depuis que le Code civil est promulgué, de Tocqueville donne la réponse suivante :

« Le législateur, dit-il, règle une fois la question des citoyens, et il se repose pendant des siècles; le mouvement donné à son œuvre, il peut en retirer la main; la machine agit par ses propres forces et se dirige comme d'elle-même vers un but marqué d'avance. Constituée d'une certaine manière, elle réunit, elle concentre, elle groupe autour de quelques têtes la propriété et bientôt après le pouvoir, elle fait jaillir, en quelque sorte, l'aristocratie du sol. Conduite par d'autres principes et lancée dans une autre voie, son action est plus rapide encore, elle divise, elle partage, elle dissémine les biens et la puissance. Il arrive quelquefois alors qu'on est effrayé de la rapidité de sa marche; désespérant d'en arrêter le mouvement, on cherche du moins *à créer devant elle des difficultés;* on veut contre-balancer son action par des efforts contraires; *soins inutiles.* Elle broie ou fait voler en éclat tout ce qui se rencontre sur son passage, elle s'élève et retombe incessamment sur le sol jusqu'à ce qu'il ne présente plus *qu'une poussière mouvante et impalpable* sur laquelle s'asseoit la démocratie. »

On ne peut dire mieux, sinon plus juste. Ces conséquences extrêmes, malgré leur côté vrai, nous ne les admettons pas sans restrictions. La conclusion directe des réflexions de Tocqueville serait : ou de supprimer toute législation à l'égard des successions, ce qui est impossible ; ou de modifier la législation d'un peuple sur ce point, à chaque siècle nouveau, pour corriger les abus d'un système par les abus d'un autre. La loi deviendrait ainsi une sorte de navette sociale, oscillant entre un régime aristocratique et un régime démocratique. Pour nous, nous croyons que, par des dispositions sages et prudentes, on peut se tenir dans un juste milieu et créer des obstacles qui ne soient pas *inutiles* à l'action de la *machine* selon qu'elle tend trop à concentrer ou à diviser la propriété.

M. Migneret croit trouver un remède au morcellement exagéré dans les réformes suivantes, que nous allons brièvement examiner :

La suppression ou du moins l'amendement de l'article 836 et la révision des articles 827 et

832 *. Rien n'est plus juste; avec la teneur de l'article 826 qui autorise le partage en nature des meubles et immeubles de la succession, il n'est pas d'établissement commercial, il n'est pas d'exploitation agricole importante qui puisse résister longtemps.

M. de Lavergne propose, comme correctif, de donner aux fils un droit de préférence sur les immeubles, et il demande que les immeubles at-

* Article 826. — Chacun des co-héritiers peut demander *sa part en nature* des meubles et des immeubles de la succession; néanmoins s'il y a des créanciers saisissants ou opposants, ou si la majorité des héritiers juge la vente nécessaire pour l'acquit des dettes et charges de la question, les meubles sont vendus publiquement en la forme ordinaire.

Art. 827. — Si les immeubles ne peuvent se *partager commodément,* il doit être *procédé à la vente par licitation devant le tribunal.* Cependant, les parties, si elles sont toutes majeures, peuvent consentir que la licitation soit faite devant un notaire, sur le choix duquel elles s'accordent.

Art. 832. — Dans la formation et la composition des lots, on doit *éviter,* autant que possible, *de morceler les héritages* et de *diviser les exploitations :* et il convient de faire entrer dans chaque lot, s'il se peut, *la même quantité* de meubles et d'immeubles, de droits ou de créances de même nature.

Inutile de faire remarquer la contradiction renfermée dans ce dernier article. Comment ne pas morceler les héritages, si dans chaque lot on doit y faire entrer une même quantité de meubles et d'immeubles? C'est tout simplement demander l'impossible.

tribués par le père de famille à l'un de ses enfants, et dont la valeur excéderait la quotité disponible, ne fussent sujets à réduction qu'au-dessus d'un chiffre minimum, soit 10,000 francs. Ceci tend directement à augmenter la quotité disponible. Nous n'y sommes pas opposé mais voici comment nous entendrions la révision de l'article 826.

Il faut d'abord donner au père de famille la faculté d'attribuer à l'un de ses enfants soit la totalité des meubles, soit celle des immeubles *avec compensation*, bien entendu, en cas d'infériorité de l'un ou de l'autre lot, au moyen de soultes et de retours.

Il faut accorder à l'un des enfants le droit de prendre la totalité des immeubles, si ces immeubles ont une faible contenance, à la condition que l'acquéreur donne caution pour le remboursement des soultes dues à ses co-héritiers.

Il faut soumettre ces ventes ou abandons au profit d'un des co-héritiers à un droit fixe et ne pas exiger de droit proportionnel, même en cas de soultes. On arriverait ainsi à faciliter les partages et à arrêter un morcellement trop exagéré.

Il faut enfin que les articles 826 et 827 ne fassent pas loi à l'égard des partages d'ascendants et que la cour de cassation reviennent sur ses dernières décisions. On ne saurait trop encourager les partages d'ascendants qui produisent d'excellents résultats, en maintenant l'harmonie dans les familles nombreuses, en développant la richesse publique, par l'augmentation de crédit qu'en retirent naturellement les donataires.

M. Migneret, dans son rapport, a demandé que la loi fixât la contenance minimum au-dessous de laquelle un héritage serait déclaré impartageable; et qu'il n'appartînt pas aux experts seuls de faire cette déclaration. Il a demandé encore que le propriétaire d'une exploitation rurale eût la faculté d'imposer à ses héritiers l'indivision d'un immeuble, par un acte formel entouré d'une publicité spéciale.

Ces diverses propositions sont-elles également admissibles? Nous n'oserions l'affirmer. Il nous semble qu'en certains cas la déclaration d'indivision créerait pour les ventes ou les échanges d'immeubles de sérieuses difficultés, et nuirait quelquefois à ceux-là même que l'on veut protéger. Ce serait, ou du moins ce pourrait être, une servitude imposée à la petite propriété; à moins qu'on ne limitât le délai pendant lequel l'immeuble resterait indivis, dix ou vingt ans par exemple. Il ne faut pas, sous prétexte de défendre la propriété foncière contre un morcellement trop exagéré, prendre des mesures qui auraient pour résultat certain d'en diminuer la valeur.

Mais nous croyons utiles les révisions des articles 827 et 832 du Code civil, afin de donner au père de famille plus de liberté dans la répartition de sa fortune entre ses enfants, * et la faculté même d'attribuer à l'un de ses enfants soit la totalité des meubles, soit la totalité des immeubles. Nous pensons qu'ainsi entendue, l'extension de la quotité disponible est une con-

* Nous n'avons pas voulu à cet égard entrer dans des développements trop étendus. Cependant nous tenons à indiquer, en quelques mots, les tentatives faites par certains écrivains pour corriger ce qu'ils appellent les *abus* du principe d'égalité dans les successions.

Une école assez nombreuse de publicistes réclame aujourd'hui pour tous les citoyens la liberté *absolue* de tester, et prétend que cette disposition est nécessaire pour contre-balancer les conséquences fâcheuses du *partage forcé* établi par la loi. Ils laissent la succession *ab intestat* soumise à cette répartition, mais ils demandent pour le testateur le droit de disposer *selon sa volonté de toute*

cession équitable aux principes de la propriété, en permettant au père de famille de pourvoir aux exigences d'une situation embarrassée ou d'une exploitation commencée. Nous nous plaignons en France de ce que, dans la commerce surtout, les fils ne suivent pas la carrière de leurs pères. C'est là, dit-on, l'effet de la *versatilité bien connue* de notre caractère. Faut-il n'accuser que notre amour du changement, ou n'est-il pas plus juste de renvoyer à notre législation une partie de ces reproches fondés en fait, mais dont on n'indique pas, à notre avis, la véritable cause. Si les enfants ne paraissent pas désireux de continuer la maison de commerce de leur père, c'est qu'ils ne le peuvent faire qu'en s'associant, et que cette association est toujours soumise à des chances de dissolution.

sa fortune. Ces idées ne rencontreront point en France un accueil sympathique, parce que, à tort ou à raison, elles sont empreintes d'un cachet réactionnaire. D'ailleurs, on est plus enclin à accepter la théorie de la co-propriété entre les parents et les enfants, malgré ce qu'elle peut avoir d'excessif. Pour nous, adoptant une solution plus conforme, croyons-nous, aux intérêts de la société, nous verrions sans crainte étendre la limite de la quotité disponible. Nous pensons qu'il faut laisser sur ce point une liberté *un peu* plus grande au père de famille, qui est le vrai juge de la répartition de sa fortune entre ses enfants.

La fortune est divisée, et la maison de commerce, qui ne peut être attribuée entièrement à l'un des enfants, est, dans la plupart des cas, cédée et vendue. Voici ce qui éloigne de l'industrie un grand nombre de jeunes gens, et ce qui arrête l'essor du haut commerce en France.

Une sage réforme dans la législation, sous ce rapport, serait favorable au développement de la richesse publique.

M. Migneret recommande enfin à l'attention des jurisconsultes et du législateur les réformes suivantes :

1° Une loi soumettant à un droit fixe les acquisitions ou échanges destinés à réunir les parcelles séparées;

2° Une loi autorisant le propriétaire contigu, en cas d'aliénation, partage ou échange de parcelles rurales déterminées, à évincer l'acquéreur en lui remboursant les loyaux coûts du contrat primitif;

3° Une loi étendant le principe de l'article 1408 du Code civil aux acquisitions de propriétés contiguës à celles appartenant à l'un ou à l'autre des époux.

Un mot sur chacune de ces propositions.

En 1824, une loi avait établi un droit fixe d'*un franc* pour les échanges d'immeubles ruraux lorsque l'un d'eux serait contigu aux propriétés de l'un des co-échangistes; et dans le cas où il n'y aurait pas contiguité le droit devenait proportionnel et était de 2 fr. 50 pour 100.

On attaqua vivement ces dispositions qui tendaient, disait-on, à reconstituer l'aristocratie territoriale, et « confondant, selon l'expression » de Dalloz, le principe fécond de la *division* de » propriété avec sa *dispersion*, obstacle matériel » à la bonne culture, on laissa croire que le pre- » mier principe était manifestement violé. » On fit remarquer encore l'inégalité de l'impôt et surtout les fraudes légales que cette nouvelle loi autorisait, et qui amenaient une diminution importante dans les ressources du Trésor.

A la proposition plus radicale encore de M. Migneret, puisqu'il demande l'établissement d'un droit fixe, non-seulement pour les échanges, mais aussi pour les ventes, on peut adresser les mêmes objections. Comment y répondrait-on? En fixant une contenance minimum des parcelles à échanger ou à aliéner dans ces conditions avantageuses et au-dessus de laquelle on rentrerait dans le droit commun. Nous croyons qu'il n'y a pas à craindre la reconstitution d'une aristocratie territoriale, ni le reproche de favoriser un impôt inégal. Ce minimum de contenance pourrait être de 75 ares à 1 hectare. Avec une base ainsi déterminée, il n'y a pas d'inquiétude à concevoir pour les intérêts du Trésor, car, sur une aussi faible étendue, la fraude serait, sinon plus difficile, du moins peu préjudiciable au fisc.

Ajoutons en terminant que, selon nous, cette disposition favorable ne doit être appliquée qu'aux échanges et non aux ventes : mais nous la demandons avec instance pour les échanges.

Qnant au droit de retrait pour le propriétaire contigu, nous n'approuvons pas cette proposition, destinée, croyons-nous, à entraver surtout la vente des petites propriétés et des parcelles de terre séparées, qui sont très-nombreuses dans notre pays. Comment un acquéreur se présenterait-il avec confiance, s'il sait que le propriétaire voisin a la faculté d'exercer un droit postérieur de retrait. La loi n'a pas admis le retrait lignager, et elle a eu raison. Car l'idée d'un retrait possible rend l'aliénation très-difficile.

L'extension de l'article 1408 du Code civil * offrirait certains avantages, et nous pensons qu'il n'est pas difficile de réaliser la pensée de M. Migneret sur ce point.

Telles sont les diverses réformes indiquées dans l'Enquête. Elles ont pour but, comme on

* L'article 1408 est ainsi conçu :

« L'acquisition faite pendant le mariage, à titre de licitation ou au-
» trement de portion d'un immeuble dont l'un des époux était proprié-
» taire par indivis, ne forme point un conquêt, sauf à indemniser la
» communauté de la somme qu'elle a fournie pour cette acquisition.
» Dans le cas où le mari deviendrait seul, en son nom personnel,
» acquéreur ou adjudicataire de portion ou de la totalité d'un im-
» meuble appartenant à la femme, celle-ci lors de la dissolution de
» la communauté a le choix ou d'abandonner l'effet de la commu-
» nauté, laquelle devient débitrice envers la femme de la portion
» appartenant à celle-ci dans le prix ou de retirer l'immeuble, en
» remboursant à la communauté le prix de l'acquisition. »

Si l'on a bien saisi le sens de cet article, on voit que dans la pensée de M. Migneret, les portions contiguës aux propres de l'un ou de l'autre des époux, quoique acquises pendant la communauté et par la communauté, suivraient le sort des propres. Il peut y avoir certains avantages dans la réalisation de cette modification législative, mais à la condition qu'il serait fixé par la loi une limite au-delà de laquelle ces portions contiguës rentreraient dans le droit commun.

voit, d'opposer une digue à ce que nous avons appelé la *dispersion* de la propriété, et à cet égard elles sont de nature à rendre de notables services à l'agriculture.

Nous n'avons plus qu'un mot à ajouter sur cette question que nous avons déja traitée trop longuement, et qui, cependant nous a semblé mériter d'être exposée avec quelques détails.

Nous voulons parler du projet du Code rural depuis longtemps annoncé, et dont une partie a été publiée cette année. De nombreuses objections ont été faites contre l'utilité et l'opportunité d'un Code rural. Sans les admettre toutes, nous ne dissimulerons pas qu'en principe nous ne croyons pas les usages ruraux susceptibles d'une codification unique, et que leur diversité, si éclatante et si légitime, fait rejeter bien loin l'idée d'une réglementation uniforme. Certains points peuvent être fixés d'une manière générale pour la France, mais ce sont par des lois spéciales que ces questions peuvent être résolues, et non par une œuvre unique. En demandant un Code rural on dépasse évidemment le but.

Quelques modifications au Code civil peuvent

rendre de grands services aux intérêts agricoles, et suppléer heureusement, selon nous, au défaut d'un Code rural. * Nous aimons trop en France les divisions et les subdivisions : n'avons-nous pas déjà un assez grand nombre de codes, et faut-il l'augmenter encore? Non assurément, car cette variété de monuments législatifs est une source fréquente de répétitions inutiles.

Nous avons examiné rapidement dans ce chapitre les charges qui pèsent sur l'agriculture, et nous avons demandé qu'elles soient sensiblement diminuées. Mais comment obtenir un semblable résultat, nous dira-t-on?

Il faut diminuer les dépenses, abandonner la voie fatale dans laquelle on entraîne la France depuis dix-huit ans, et revenir aux règles de l'économie. L'économie : voilà le remède, et il faut l'appliquer immédiatement, car chaque jour

* Notons ici la réforme de l'article 2102 du Code civil, ayant pour but de donner aux fournisseurs d'engrais un privilége de la même nature que celui accordé par la loi aux fournisseurs de semences ; — et la modification de l'article 2076, sur le gage, afin de rendre le prêt sur le gage applicable à l'agriculture,

de retard rend le retour à la diminution des charges plus difficile et plus éloigné.

Et sur quelle partie du budget faut-il économiser : sur les dépenses de l'armée. Nous employons chaque année près de *six cent millions* (quel chiffre!), à nous maintenir sur le pied de guerre, tout en répétant que nous voulons la paix. Dépense improductive, s'il en fut! qui vide les coffres du Trésor, nous prive de bras et dépeuple nos campagnes. Est-ce qu'en présence d'un tel état de choses, nous ne devons pas réclamer énergiquement la réduction de l'armée; car, en réduisant l'armée, nous réduisons les dépenses, et nous trouvons ainsi le moyen de réaliser aisément des économies, qui nous permettent de diminuer les charges dont nous gémissons pour les intérêts de l'agriculture. Nous pourrons supprimer les octrois, alléger les patentes, et apporter dans la perception des droits d'enregistrement les principes méconnus aujourd'hui, sur certains points au moins, de l'équité et de la justice.

CHAPITRE III.

—

DU CRÉDIT AGRICOLE ET DE L'ASSOCIATION AU POINT DE VUE DU DÉVELOPPEMENT DE L'AGRICULTURE.

Le crédit agricole : c'est là un grand mot dont il faut chercher à se rendre compte.

Nous n'entendons point désigner par là l'établissement financier qui porte ce nom, et qui, nous devons l'ajouter, n'a qu'accidentellement aidé à l'agriculture. D'ailleurs, soyons juste, il ne pouvait le faire. Les conditions particulières dans lesquelles se trouvent les cultivateurs s'opposent à ce qu'une banque agricole, opérant comme opère le Crédit agricole, succursale du Crédit foncier, puisse prospérer. Nos fermiers, en effet, doivent emprunter pour une année au moins, puisque leurs rentrées de fonds ne s'effectuent que dans une pareille durée. Ils ne sont pas même certains de recouvrer leurs fonds dans ce délai. Une épidémie, une mauvaise récolte, des orages, voilà autant d'éventualités inquiétantes qui ne leur permettent pas de prendre d'engagements à jour fixe.

Le crédit agricole, pour nous, n'existe que dans le développement d'une idée féconde qui, en Allemagne, a reçu une application pratique, le *mutualisme* ou le *crédit mutuel.*

Quelques renseignements sur l'institution des banques d'avances allemandes sont nécessaires pour comprendre notre pensée.

Le principe des *banques allemandes* (vorshutzbanken), appelées aussi *banques du peuple* (volks banken), est de substituer la garantie collective par le fait de l'association, à la garantie individuelle et d'augmenter ainsi d'autant le crédit de chacun des membres de la société. Et on arrive à cet heureux résultat par l'*association,* « car les » mauvaises chances réparties sur un plus grand » nombre de têtes se font à peine sentir et celles » des uns se trouvent compensées et au-delà par » les bonnes chances des autres.

La banque d'avances ne prête qu'à ses sociétaires. La société une fois constituée emprunte une somme déterminée, au moyen de laquelle le comité d'administration accorde des prêts individuels suivant les ressources de la caisse, et selon les besoins, les demandes et la solvabilité des sociétaires qui s'adressent à lui. La solidarité n'existe donc que pour l'engagement collectif vis-à-vis des capitalistes auxquels la banque emprunte des fonds; pour tout le reste, chaque membre de l'association conserve son entière indépendance, soit pour l'exploitation de son industrie ou de son commerce, soit pour l'emploi des sommes que la banque lui avance.

Chaque associé doit acquitter un droit d'admission et payer une cotisation mensuelle, le tout d'un chiffre très-minime. Certaines banques demandent, comme droit d'entrée, 1 fr. 25 ou 1 fr. 70, et réclament 0,25 cent. par mois, c'est-à-dire, pour la première année, une somme totale de 4 fr. 25 ou 4 fr. 70.

Ces versements sont portés au compte de chaque associé; ils servent à former les premiers fonds de roulement, et permettent à la banque d'opérer, au début, sans avoir recours à l'emprunt. C'est au prorata de ces versements qu'on attribue à chaque sociétaire sa part du dividende à la fin de l'année.

Le sociétaire peut emprunter, sous sa propre signature, jusqu'à concurrence de son *avoir*. Pour obtenir un prêt dépassant ce chiffre, il lui faut la signature d'un second associé. Les prêts ne sont pas gratuits, mais comme chaque associé a une part dans les dividendes à la fin de chaque année, il en résulte que s'il paie d'un côté, il augmente de l'autre les bénéfices de la société.

Grâce à ce système ingénieux, on cite des banques dans lesquelles les emprunteurs n'ont payé que 5 fr. 75 pour 100 d'intérêt, pour une moyenne de trois mois à une année. *

En Belgique, la société dite l'Union du Crédit, sans suivre tout à fait la même marche, est arrivée à des résultats très-remarquables et qu'il est utile de faire connaître.

Les sociétaires seuls ont le droit d'emprunter à la banque.

Chaque sociétaire signe une obligation s'élevant au chiffre du crédit demandé par lui; de plus il

* En cinq années d'exercice, à Eulenburg, les associés avaient obtenu plus de 350,000 fr. au prix de 20,000 fr.

paie une première prime proportionnelle destinée à augmenter le fonds de roulement, et une retenue chaque fois qu'il use en tout ou en partie de son crédit. Cette retenue sert à acquitter les frais d'administration et d'escompte, etc. La banque est dirigée par un comité composé de sociétaires, et qui est chargé de répartir, à la fin de l'année, les bénéfices réalisés au prorata des sommes souscrites par chaque associé.

En 1848, cette société ne comprenait que 228 membres. Dix ans après, en 1858, elle en comptait 1,519, formant un capital de 15,000,000. Grâce au mutualisme intelligemment pratiqué la prime de risque ne dépassait pas 0,12 centimes pour 100, et celle des frais généraux 0,14 centimes, soit 0,26 centimes pour 100 d'escompte. Bref, les membres de la société payaient leur crédit à un taux très-modéré. *

Peut-on appliquer à l'agriculture le système

* Nous donnons ces aperçus des Associations allemandes à titre de renseignement et sans prétendre qu'elles réussiront immédiatement dans nos contrées. Mais nous croyons utile de faire connaître leur fonctionnement, car ces banques nous semblent appeler à jouer prochainement un grand rôle dans la solution de cette question du crédit agricole.

de ces banques populaires? Nous le croyons d'autant mieux que seules, à notre avis, elles pourront donner, à nos cultivateurs, l'argent à bon marché, une indépendance personnelle incontestable et précieuse, et une initiation nécessaire aux questions de finances.

Voici comment, à notre point de vue et sans entrer dans tous les détails, nous comprendrions l'organisation des banques agricoles.

Former une société de cultivateurs-propriétaires et de fermiers apportant un droit d'entrée et versant une cotisation mensuelle. Si les fonds ainsi recueillis ne suffisent pas aux premières demandes d'emprunt, s'adresser à une succursale de la Banque de France ou se mettre en rapport avec des capitalistes. Faire des prêts pour un an à raison de 5 fr. 50 pour 100, et de 5 fr. 25 pour un délai moindre. Exiger un droit de commission de 25 centimes pour 100 jusqu'à 1,000 francs seulement; ce droit servirait à acquitter les frais de bureau. N'ouvrir de crédit au-delà des sommes versées par chaque sociétaire, qu'avec la signature d'un second membre de l'association.

Autoriser la banque à recevoir des dépôts, mais seulement des sociétaires ; payer un intérêt de 3 1/2 pour 100 de ces dépôts, s'ils étaient faits pour moins d'une année, et 4 pour 100 si on laissait les sommes déposées plus d'un an; enfin faire profiter les déposants d'une partie des bénéfices de la société au prorata des sommes versées et du temps du dépôt.

Une société, établie sur ces bases, * pourrait rendre de grands services à l'agriculture.

Nos cultivateurs s'habitueraient à s'adresser à cette véritable caisse d'épargnes, qui leur assurerait, au moment où ils en auraient besoin, un crédit dont les frais seraient réduits pour eux et compensés dans une certaine mesure par les bénéfices.

* Les journaux d'agriculture annoncent la création de diverses banques agricoles : citons le Crédit rural, dirigé par M. Baradat; la Banque de l'agriculture, inaugurée par M. Leterrier, et enfin la Société agricole, à la tête de laquelle est M. Léon Camel.

Mais à notre avis pour que ces banques aient un effet utile et deviennent des auxiliaires sérieux de l'agriculture, il faut que leurs opérations soient circonscrites dans un petit rayon ; que le crédit soit local, sauf à relier les diverses institutions entr'elles, pour faciliter certaines combinaisons; et enfin que ce crédit soit personnel dans la mesure que nous indiquons.

Sans le mutualisme on ne pourra créer d'établissements de crédit réellement pratique pour les agriculteurs : il ne faut pas oublier, en effet, que l'agriculture, dans notre pays surtout, n'est pas encore une industrie, et qu'on ne peut lui appliquer les ressources et les agissements de l'industrie.

Pour que le système des banques agricoles dont nous parlons réussisse, que faut-il ? Une initiative intelligente et désintéressée de la part des fermiers et des propriétaires. Nos campagnes, lorsque les récoltes sont bonnes, font des économies; il leur faut une caisse pour placer le résultat de ces économies : une caisse dont elles connaissent la solvabilité. Tel est le service que les banques agricoles pourraient rendre.

Certains publicistes ont demandé la création de caisses reposant sur le crédit de l'Etat, fondées et dirigées par l'Etat. Nous repoussons cette idée dans l'intérêt même de l'Etat. Les caisses d'épargnes sont déjà pour lui un fardeau assez lourd, nous ne devons pas l'aggraver. C'est à l'initiative privée qu'il faut s'adresser pour former ces établissements de crédit agricole. Si, en Angleterre, en Écosse, en Allemagne, ces banques ont produit d'excellents résultats, pourquoi ne réussiraient-elles pas en France, appliquées à l'agriculture. L'association a développé chez nous le haut commerce dans des proportions très-importantes, pourquoi n'aiderait-elle pas, avec le même succès, les transactions agricoles.

Sous une autre forme, l'idée d'association peut encore rendre des services importants à l'agriculture. Nous trouvons en Angleterre un exemple curieux de l'application des principes des sociétés coopératives aux exploitations agricoles. Sans prétendre ici que notre pays se prête, d'une manière absolue, à l'emploi immédiat de ces procédés, nous ne pouvons passer sous silence l'heureuse épreuve tentée par M. Gurdon, dans le Norfolk, et pour mieux comprendre le mécanisme de cette société, nous empruntons, à l'ouvrage si intéressant sur les *Associations ouvrières*, de M. le comte de Paris, * quelques détails que

* Nous ne saurions trop engager les personnes qui s'intéressent aux questions sociales, à lire l'ouvrage publié par M. le comte de Paris. Elles y trouveront des renseignements précieux sur les *unions* en Angleterre, et verront comment, avec la liberté, nos voisins sont parvenus à atténuer les désastreux effets des grèves.

nous recommandons à l'attention de nos lecteurs :

« L'exemple que nous nous proposons de citer est celui d'une véritable société coopérative appliquée à l'agriculture. Il est peu connu, et mériterait cependant de l'être ; car il a pour nous l'autorité d'une épreuve soutenue pendant trente-huit ans, avec un constant succès, au milieu de toutes les difficultés et de tous les hasards d'une exploitation agricole.

» Le fondateur de cette société est M. Gurdon, propriétaire aux environs du village d'Assington, dans le Norfolk. En 1830, il afferma 60 acres (27 hectares environ) de terres médiocres à une association de quinze laboureurs, qui prit le nom de *Société coopérative agricole d'Assington.* Chacun apporta au fonds commun la modeste somme de 3 livres sterl. (75 fr.), et une avance de 400 livres sterl. (10,000 fr.), faite par M. Gurdon, compléta le capital social. Les habitants de la paroisse peuvent seuls être actionnaires, et, s'ils la quittent, ils sont obligés de vendre leur part. La ferme, n'offrant de travail régulier qu'à cinq hommes et à deux ou trois jeunes garçons, ne peut occuper tous les actionnnaires, mais il est de règle que ceux-ci doivent seuls y être employés : on n'aurait recours à des étrangers que s'il fallait un plus grand nombre de bras. L'exploitation de la ferme est confiée à l'un des ouvriers, qui, à titre d'agent, reçoit, en sus de son salaire ordinaire, le mince traitement d'un schilling (1 fr. 25 c.) par semaine. L'administration financière est surveillée par un comité de quatre membres, renouvelé annuellement par moitié. Quoique le capital social n'atteignît pas le chiffre que les fermiers anglais jugent nécessaire pour faire valoir la terre, l'association prospéra : elle augmenta sa ferme de 130 acres (60 hectares environ), et, pour faire face à ses nouvelles dépenses (le prix de son fermage est de 200 livres sterl. ou 5,000 fr.), elle s'adjoignit six actionnaires. L'emprunt fait à M. Gurdon fut remboursé ; elle devint propriétaire de tout le matériel de la ferme, comprenant six chevaux, quatre vaches, cent dix moutons et une trentaine de porcs ; elle assura ses bâtiments pour 500 livres (12,500 fr.); et elle vit enfin ses actions, émises au capital de 3 livres sterl. (75 fr.), atteindre le cours extraordinaire de 50 livres sterl. (1,250 fr.), ou plus de seize fois leur valeur première.

» Un aussi bon exemple a été suivi, et, en 1854, une société analogue s'est fondée dans le voisinage, sur une échelle un peu plus considérable : elle promet d'aussi heureux résultats. Cette application à l'agriculture du système de l'association des travailleurs nous a paru digne d'être remarquée. Son succès prouve combien elle est efficace et féconde, lorsqu'elle est faite avec discernement; et cet exemple peut contribuer à affaiblir la distinction artificielle par laquelle on sépare trop souvent chez nous l'ouvrier des campagnes de celui des villes. Quoique la situation du premier soit bien précaire et parfois bien difficile en Angleterre, on voit qu'il a su mettre en pratique une institution qui avait été maintes fois traitée d'utopie. L'agriculture est bien plus encore chez nous que de l'autre côté du détroit la première des industries nationales. Les différences créées entre l'artisan et le laboureur par les conditions diverses de leur vie ne les empêchent pas d'être solidaires l'un de l'autre. Si l'un a plus d'occasions de s'instruire, plus de facilités pour s'associer, si le séjour au milieu des grandes villes éveille plus aisément dans son âme aussi bien les passions généreuses que les entraînements irréfléchis, il peut, par là même, offrir à l'autre des exemples dignes d'être suivis, et lui montrer les rudes épreuves que l'expérience aide à éviter. L'artisan, en revanche, peut aussi parfois demander d'utiles renseignements à l'homme qui, depuis tant de générations, féconde par son travail journalier notre vieux sol gaulois. »

Nous avons tenu à signaler cet exemple de l'association appliquée à l'agriculture, et à en indiquer les résultats satisfaisants pour faire connaître à nos cultivateurs le but vers lequel ils doivent tendre, et quels services le principe fécond de l'association peut rendre à toutes les entreprises humaines.

On s'est beaucoup occupé dans l'Enquête du crédit agricole, et M. Migneret, dans son rapport, a proposé le rétablissement des rentes foncières perpétuelles, pour donner à l'agriculture « des » capitaux immobiliers, unis au sol d'une manière

» indissoluble. » Nous ne croyons pas que cette résurrection des rentes foncières soit heureuse, et nous doutons entièrement du succès de ce rétablissement.

Le Code civil n'a conservé que le nom des rentes foncières, mais il leur a fait subir une transformation radicale. Dans l'ancien droit, la rente foncière était immeuble, irrachetable, et n'avait pas le caractère d'une dette personnelle.

Elle était immeuble, puisqu'entre les mains du bailleur elle représentait une partie *non aliénée* d'un immeuble; irrachetable, car on ne peut racheter que ce qui a été vendu, et que la partie de l'immeuble sur laquelle reposait la rente foncière n'avait pas été aliénée; enfin elle ne constituait pas une dette personnelle, puisqu'elle était due réellement par l'immeuble et restait à la charge du tiers détenteur.

Le Code civil lui a enlevé ces trois caractères, en s'appuyant sur les motifs suivants : le désir de favoriser la circulation des biens; l'intention de prévenir les procès, si nombreux, soulevés par les relations compliquées que créaient ces rentes entre le crédit et le débit rentier; enfin la volonté d'effacer les traces de vassalité que paraissait renfermer le bail à rente simple.

La rente foncière est aujourd'hui meuble, rachetable, et a le caractère d'une dette personnelle.

Les raisons qui ont déterminé le Conseil d'État, en 1805, à modifier si profondément la rente foncière subsistent encore aujourd'hui. Plus que jamais on tend à rendre la propriété libre de toute entrave, et nous ne pouvons qu'applaudir à une pareille tendance. D'un autre côté, il nous semble difficile d'admettre que le propriétaire consente à immobiliser ses capitaux, quels que soient les avantages offerts par la sécurité du placement. Le capital veut avoir une liberté d'allures incompatible avec la rente foncière perpétuelle. Toutes ces raisons nous font rejeter la proposition de M. Migneret.

Des syndicats pour l'amélioration des chemins ruraux.

L'agriculture a réclamé d'une manière générale l'amélioration des voies de communication et la création de nombreux débouchés. C'est pour elle une question de vie ou de mort. On sait comment le gouvernement a répondu à cette demande, et la somme importante votée par le Corps législatif, en 1868, pour l'achèvement des chemins vicinaux. Mais notre pays, heureusement doté de routes stratégiques et de voies d'intérêt commun, se plaint surtout du mauvais état des chemins ruraux.

On a comparé, avec raison, notre système de vicinalité aux divers vaisseaux sanguins qui, dans le corps humain, portent de tous côtés la vie et le mouvement. Si cette comparaison est exacte, nous pouvons dire qu'il est nécessaire d'appeler l'attention du gouvernement sur ces petites veines si importantes qui sont l'image des chemins ruraux, d'un emploi journalier, et particulièrement utiles à l'exploitation même de la ferme.

Mais on objecte de suite la dépense considérable que doivent entraîner le classement de ces chemins et leur entretien. C'est ici que l'association vient nous offrir une ressource précieuse, mais trop peu employée.

Les chemins ruraux ne peuvent être entretenus que par le concours des propriétaires et des cultivateurs, usant de ces chemins ; par la création de syndicats, sous la présidence du maire de la commune, et ayant à sa disposition un agent-voyer ou un cantonnier-chef chargé de l'exécution des travaux nécessaires pour maintenir les voies de communication en bon état.

Il y a bien une première difficulté : c'est la création même des chemins ruraux. Elle peut être résolue de deux manières : soit en conservant ceux qui existent actuellement, soit en les modifiant pour en diminuer la longueur, ou en rendre l'usage commun à plusieurs corps de fermes. Dans le premier cas, il suffirait d'une allocation départementale et communale pour aider à subvenir aux dépenses des travaux de réfection regardés comme indispensables. Dans le second cas, il faudrait que ces allocations fussent augmentées dans une certaine mesure pour créer la nouvelle voie. * La commune aurait le soin de faire classer ces chemins d'une

* La commune aurait alors diverses ressources : la vente des parties des chemins excédant une certaine largeur, et celle des parties entières de chemins devenus inutiles par suite d'un tracé rectificatif. Il faut remarquer, qu'en général les terrains sur lesquels on établit des chemins sont donnés par les propriétaires sans indemnité.

manière exacte pour éviter les empiètements trop fréquents des riverains.

Ces premiers travaux exécutés, la création du syndicat devient chose nécessaire. Le syndicat se compose des propriétaires et des cultivateurs ayant droit à l'usage d'un même chemin. Chacun est soumis à une prestation en nature déterminée au prorata de la contenance de la propriété auquel ce chemin donne accès. Cette prestation est revisée chaque fois que la propriété desservie subit des modifications.

Nous demandons que la prestation soit en nature, quoique ce mode d'impôts rappelle l'antique corvée si justement antipathique aux populations rurales : mais les différences sont si grandes que nous espérons bien ne pas voir la prestation en nature hériter, d'une manière absolue, de la haine légitime que s'était attirée la corvée. Les chemins ruraux, pour leur entretien, n'exigeront, ni de longs travaux, ni de grandes dépenses : il ne faudrait, en effet, pour les maintenir dans un état satisfaisant, après les premiers travaux, indiqués plus haut, que l'approche des pierres, un empierrement partiel chaque année, et la réfection des ornières. Avec le matériel dont disposent aujourd'hui nos fermiers, il leur est facile de fournir quatre ou cinq journées par an, et aussi de s'entendre entr'eux pour exécuter ces diverses opérations à des époques qui ne contrarient pas les intérêts agricoles.

Telles sont les raisons qui nous font désirer le maintien de la prestation en nature pour les chemins ruraux. Si, malgré ces observations, on ne pouvait établir ce mode d'impôt, nous proposerions alors d'élever sensiblement le chiffre de la somme en argent destinée à représenter le prix de la prestation, et de doubler au moins l'estimation de la journée fixée actuellement à 1 franc. « Mais, nous dira-t-on, vous créez ainsi » une nouvelle charge pour l'agriculture, et vous » n'êtes pas conséquent avec vous-même, puis- » que vous réclamez contre celles qui grèvent » déjà, d'une manière si fâcheuse, les popula- » tions rurales. » La réponse à cette objection nous semble facile. Les charges dont nous demandons l'allégement en faveur des intérêts agricoles, ne profitent pas à l'agriculture, et c'est ce dont nous nous plaignons énergiquement;

mais il n'en est pas ainsi des sacrifices que nous voudrions imposer au pays pour l'entretien des chemins ruraux. Ces dépenses auront un résultat immédiat et directement appréciable par les intéressés. Aussi sommes-nous persuadé que le cultivateur acceptera avec empressement, lorsqu'il la connaîtra, cette idée de syndicat. Il faut seulement qu'il en saisisse l'importance, et qu'il se rende compte des services qu'elle peut lui apporter. Quelle opposition ferait-il à cette institution qui lui assurera des voies bien entretenues, au moyen desquelles il lui sera facile de sortir en pleine charge de sa ferme, sans fatiguer à l'excès ses animaux, sans briser son matériel agricole? Et si, aujourd'hui, il ne fait aucun sacrifice pour entretenir les chemins ruraux, il n'en reconnaît pas moins l'utilité incontestable, mais il cède à un mouvement d'égoïsme, qui est trop naturel pour avoir besoin de longues explications, mais qui n'en doit pas moins être combattu énergiquement. Le propriétaire et le fermier ne veulent pas que les travaux faits par eux, que les dépenses qu'ils se sont imposées profitent à leurs voisins, qui n'ont donné ni leur temps, ni leur argent. Ils préfèrent se gêner plutôt que de se créer une situation meilleure, dont ils ne pourront jouir seuls.

Ce sentiment doit être condamné, disons-nous, car il s'inspire d'une mauvaise passion du cœur humain, et nous ne parviendrons à le combattre, sur la question spéciale qui nous occupe, que par la création de syndicats dans lesquels toutes les forces, tous les travaux des membres de l'association profiteront directement, et d'une manière sensible aux sociétaires. Nous n'hésitons pas à croire que propriétaires et fermiers ne laisseront pas échapper cette occasion de réparer un mal qu'ils déplorent tous, mais contre lequel individuellement, ils ne peuvent, ni ne veulent réagir.

Indiquons en quelques mots le fonctionnement d'un syndicat pour l'entretien des chemins ruraux.

Une loi récente *sur les associations syndicales* permet, dans une certaine mesure, de créer dès aujourd'hui des syndicats. Nous voyons, en effet, que l'article premier de cette loi énumère l'*exécution et l'entretien des chemins d'exploitation* parmi les objets d'une association syndicale.

Mais par chemin d'exploitation on n'a entendu que les chemins *privés*, que ceux dont le sol est la propriété des riverains, et qui n'ont d'autre destination que de servir à l'exploitation de propriétés. Or, cette explication ne permet pas d'appliquer la nouvelle loi du 21 juin 1865 aux chemins ruraux, voies de communication à l'usage du public, et qui n'étant pas classés, ne peuvent profiter des ressources communales et manquent absolument d'entretien. Ces chemins constituent la plus grande partie de nos voies rurales d'exploitation. Il faudrait donc une nouvelle disposition législative pour les faire bénéficier de la loi du 21 juin 1865.

Nous sommes avant tout partisan de la liberté, nous regrettons vivement les atteintes portées au droit de propriété par l'administration dans l'expropriation forcée, mais nous croyons être dans le vrai en soutenant la nécessité de prédominance de l'intérêt public sur l'intérêt privé, pour certains cas, nettement déterminés. Or, il nous semble que, pour l'entretien des chemins ruraux, dont nul ne contestera l'utilité manifeste, on est en droit de demander à la loi un concours efficace, qui permette de vaincre des obstinations irréfléchies, des résistances opiniâtres ne reposant sur aucun motif sérieux. Aussi serions-nous d'avis, qu'appliquant ici les principes de la loi du 21 juin 1865, en matière d'*associations syndicales autorisées*, la majorité des associés pût contraindre un propriétaire récalcitrant à contribuer pour sa part aux dépenses reconnues nécessaires, et votées par l'association : sauf à remplacer pour ce dernier, la prestation en nature, en une prestation pécuniaire.

Le syndicat serait présidé par le maire de la commune, qui, par son influence, pourrait mieux que personne mener à bien cette œuvre utile. Les travaux à faire chaque année seraient approuvés par l'assemblée générale des associés, sur un rapport d'un agent-voyer, et une commission choisie parmi les associés répartirait, avec le concours de cet agent-voyer, l'exécution de ces travaux entre les membres de l'association.

Quant à la direction et à la surveillance de ces travaux, elles appartiendraient à un cantonnier-chef, dont les appointements seraient à la charge des communes. Un seul cantonnier-chef par canton pourrait suffire. Ce serait sous ses ordres, que les cultivateurs, membres du syndicat, feraient l'approche des matériaux, l'empierrement et le nivellement du terrain. S'il se présentait quelque travail plus important, le maire réunirait alors les membres du syndicat, pour leur faire connaître l'avis des hommes compétents, agent-voyer, ingénieur, et si les sacrifices d'argent étaient trop lourds pour le syndicat, il s'adresserait à la commune, ou au département.

Chaque année, dans une réunion, le président ferait l'exposé des résultats obtenus par l'association, et des travaux qui restent à effectuer pour compléter la vicinalité rurale.

Notre projet est donc très-simple : il n'exclut nullement l'initiative de l'État, qui doit aider par des secours les efforts des cultivateurs, mais il s'appuie avant tout sur l'initiative individuelle. Si nous voulons fonder en France un état de choses durable, réaliser un progrès qui ne soit pas temporaire, il faut s'adresser à l'intelligence et à la bourse de chaque citoyen, il faut démontrer aux populations rurales l'utilité de cette mesure, leur faire comprendre l'avantage immédiat qu'elles peuvent retirer de ces syndicats, et, soyons-en certains, leur adhésion, lente d'abord, comme il est trop aisé de le prévoir, s'accentuera chaque jour de plus en plus.

C'est aux communes encore qu'il convient de s'occuper de la formation de ces syndicats : c'est aux comices agricoles qu'il est nécessaire de recommander cette association. Que les maires, que les présidents des comices, chacun dans leur sphère, mettent cette question à l'étude. Peu à peu nos cultivateurs en saisiront l'importance, et dès qu'ils s'y seront intéressés, les syndicats seront fondés. Nous aurions tort de croire, comme on est souvent porté à le faire, que les populations rurales sont rebelles à toute innovation : elles sont défiantes, mais dès qu'elles ont reconnu, par l'expérience, l'utilité d'une mesure nouvelle, elles l'acceptent et surtout la gardent.

C'est à tous les agriculteurs, en un mot, que nous nous adressons pour faire réussir cette idée des syndicats, qui sont appelés, selon nous, à donner à nos campagnes une vicinalité rurale, dont nous avons un besoin si urgent, et que possèdent, grâce à cet heureux emploi du principe de l'association, la Belgique, la Suisse et l'Angleterre.

Il suffirait de quelques mots ajoutés à la loi

sur les associations syndicales pour faciliter ce résultat : nous ne doutons pas que le gouvernement ne donne, sous ce rapport, satisfaction aux justes réclamations de l'agriculture.

Loin de nous la prétention d'avoir, en ces quelques pages, présenté tous les vœux de l'agriculture et signalé toutes les réformes qu'elle réclame depuis longtemps et avec une obstination si légitime. Loin de nous aussi la prétention d'avoir trouvé aux maux indiqués des remèdes infaillibles. Notre but était plus modeste et nous espérons l'avoir atteint. Nous avons voulu résumer les plaintes des cultivateurs, formulées lors de l'Enquête, notamment pour notre région de l'Ouest, et rappeler que ces plaintes n'avaient point encore été assez écoutées en haut lieu. Ce qu'il faut, en effet, maintenant, c'est une réponse à l'Enquête. Sans cela, l'appel fait aux comices agricoles et à toutes les sociétés d'agriculture, en 1866, n'aurait été qu'une vaine démonstration. Il faut qu'il sorte de ce grand concours d'observations, de griefs adressés par tous les cultivateurs au gouvernement, un ensemble de réformes qui satisfasse le pays.

Il nous faut en premier lieu : la réduction du contingent, la diminution des années de service militaire, et la suppression de la garde nationale mobile, c'est-à-dire une nouvelle loi militaire; sans cela nous verrons chaque jour nos campagnes se dépeupler de plus en plus, et le manque de bras, ne l'oublions pas, est une des causes les plus graves des souffrances de l'agriculture.

Il nous faut, en second lieu, une instruction plus complète, gratuite, afin qu'elle s'adresse à tous, et comprenant surtout les principes de culture du sol, afin de conserver à nos campagnes les ouvriers agricoles.

Il faut aussi la diminution des charges qui pèsent sur le cultivateur, la réduction des droits d'octroi, de ceux d'enregistrement, la suppression de tous les droits de douane sur les engrais étrangers, la diminution des petites patentes.

Quelques réformes législatives sont nécessaires pour faciliter les mutations de la propriété foncière, et offrir au père de famille les moyens de maintenir en état prospère l'exploitation agricole fondée par lui.

Nous demandons aussi l'application du principe fécond de l'association, pour créer le crédit agricole, pour donner à la vicinalité rurale son complet développement.

Nous réclamons enfin le retour à la loi de 1851, qui établissait une représentation sérieuse de l'agriculture.

Depuis que ces pages sont écrites, des modifications politiques importantes se sont produites : le régime parlementaire paraît devoir succéder au régime personnel. Nous revenons enfin au gouvernement du pays par le pays. L'agriculture n'aura pas, espérons-le, à se plaindre de ces changements. A l'Enquête officielle, qui jusqu'ici n'a rien produit, succède en ce moment une enquête officieuse ouverte sous les auspices de la *Société des Agriculteurs de France.* On sollicite aussi une enquête parlementaire pour émettre les besoins et les vœux de l'agriculture devant le Corps Législatif. Le nouveau ministère ne peut refuser d'acquiescer à cette demande, à moins qu'il n'adopte dès aujourd'hui l'ensemble des conclusions des déposants à l'Enquête de 1866, et qu'il ne réalise immédiatement la plupart des réformes que nous avons indiquées.

Nous avons confiance dans le mouvement énergique, dans l'*agitation* salutaire qui se produit en ce moment parmi les agriculteurs pour défendre leurs intérêts ; nous avons confiance dans l'heureuse influence de la ***Société des Agriculteurs de France***, pour parvenir au redressement de nos griefs. Nous applaudissons à tous ces efforts qui prouvent que l'initiative individuelle a résisté au régime absolu, et que, lorsqu'elle veut s'affirmer, elle sait tôt ou tard imposer sa volonté. Voilà ce qui nous fait espérer que les cultivateurs obtiendront satisfaction : sachons demander, ne nous lassons pas de le faire, et nous triompherons.

FIN.

CHATEAU-GONTIER. — IMPRIMERIE BEZIER, RUE DORÉE.

www.ingramcontent.com/pod-product-compliance
Ingram Content Group UK Ltd.
Pitfield, Milton Keynes, MK11 3LW, UK
UKHW021059260726
13994UKWH00002B/593

9 782329 428888